# 低谷中开出花朵

### 如何在困境中抓住机遇，获得创伤后成长

[英] 格雷丝·马歇尔 著
（Grace Marshall）
[澳] 萧奇（Gigi）译

Struggle: The Surprising Truth Beauty and Opportunity Hidden in Life's Shittier Moments
Copyright © 2021 by Grace Marshall
This edition arranged with Alison Jones Business Services Ltd through Big Apple Agency, Labuan, Malaysia.
Simplified Chinese edition copyright 2023 © Beijing Alpha Books. CO., INC
All RIGHTS RESERVED.

版贸核渝字（2022）第147号

图书在版编目（CIP）数据

低谷中开出花朵 / (英) 格雷丝·马歇尔著; (澳) 萧奇 (Gigi) 译. — 重庆：重庆出版社，2023.6
书名原文：Struggle
ISBN 978-7-229-17680-8

Ⅰ.①低… Ⅱ.①格…②萧… Ⅲ.①情绪－自我控制－通俗读物 Ⅳ.①B842.6-49

中国国家版本馆CIP数据核字（2023）第103230号

## 低谷中开出花朵
DIGUZHONG KAICHU HUADUO

［英］格雷丝·马歇尔（Grace Marshall） 著　［澳］萧奇（Gigi） 译

出　　品：华章同人
出版监制：徐宪江　秦　琥
责任编辑：朱　姝
特约编辑：陈　汐
营销编辑：史青苗　孟　闯
责任校对：王晓芹
责任印制：白　珂
装帧设计：L&C Studio

重庆出版集团　重庆出版社　出版
（重庆市南岸区南滨路162号1幢）
北京盛通印刷股份有限公司　印刷
重庆出版集团图书发行有限公司　发行
邮购电话：010—85869375
全国新华书店经销

开本：880mm×1230mm　1/32　印张：6.25　字数：124千
2023年6月第1版　2023年6月第1次印刷
定价：49.80元

如有印装质量问题，请致电023—61520678

版权所有，侵权必究

# 目录

III 序

**001** **第一部分**
更加机智：看到机遇

**058** **第二部分**
更加勇敢：相信这个过程

**134** **第三部分**
更加强大：拥抱成长

**186** **鸣谢**

**188** **参考文献**

# 序

在当下这个时代，人们痴迷于寻找捷径、窍门和速胜的方法，在社交媒体上呈现自己光鲜亮丽的一面。与此同时，在困境中抗争似乎已成为人们谈论的禁区，成了失败的标志。

但是，这有没有可能是我们对"失败"的一种误解呢？

作为一名"高效忍者"[①]（是的，这是一个真实存在的职位！），我做了很多事情，帮助人们不断抗争以战胜困境：各种令人分心的、难以推进的、足以压垮人的难事；与人合作时坚持立场的执拗；保持自我界限以及设定合理期待时的努力和坚持；在一个无休无止工作的世界中竭力抗争以寻找喘息的机会和自己的节奏。在我的上一本书《高效工作从容

---

[①] 作者是效率培训公司智想成效（Thinks Productive）的一名高效忍者（Productivity Ninja）。——译者注

生活》(*How to be Really Productive*)中，我提及很多这方面的内容。

我一直都醉心于研究我们的工作方式，以及我们与工作的关系。

在追求高效的世界里，有一件事我们未曾公开谈论过，那就是抗争的价值。对于抗争，我们低声谈论，侧目而视，把它当作一件不好的事情。或者，把它当作一种造成麻烦的必然条件或是难以克服的严酷现实，而急不可耐地摒弃它。事实上，人们往往将"我正在困境中挣扎"视作与高效截然相反的状态。

但这并不是抗争的全貌，也不是高效的全貌。当高效只是为了草草了事、越快越好时，我们会视抗争为障碍。或者将它看作一种迹象——要么有什么地方出现了棘手的问题，要么自己在某种程度上不够格。

不够优秀，不够专注，不够努力，不够才华横溢，不够聪明，不够投入。

抗争是失败的标志，是不祥之兆，是歧途之始。它是一场斗争，一次对抗，甚至一场决斗，是一个要避开的陷阱或一个要消灭的敌人。

但如果它并非如此呢？

如果抗争恰恰是我们在发现新事物的过程中和我们志同道合的伙伴呢？

如果抗争是让我们变得更加强大也更加放松的途径呢?

如果抗争不是我们行事中的障碍,而恰恰是奇迹发生的地方——你最成功、最重要的作为将出现于此,又将如何?

无论你深陷泥沼,静待风暴平息,还是单纯地厌倦了喧嚣,抑或内心感到困惑和挣扎,本书都将合你心意,你可以从书中寻找到答案。

**这本书为谁而著?**

当我被问到这个问题时,答案既显而易见又含糊不清。

本书当然是为内心感到挣扎和困惑的人而著。

我们首先想到的可能是那些在抗争中大声疾呼、希望引人注目的人。他们在人际网络中或各种逆境中努力向上,在工作中,在生活中,在和家人相处时,在健康状况不佳的情况下,正面临艰难、不确定性、挫折、失望和困难。

我们还会想到那些对竭力挣脱困境并不感到陌生的人,那些身兼数职仍要支撑全局的人,那些维系一切的人,他们承受着多重承诺的重压,了解自己在某些方面是匮乏的,时间、资源、人力或者头脑空间。就像那些天鹅,为了让自己看起来游得优雅,毫不费力,它们需要更加努力地划水,甚至变得越发忙乱。

我们也会想到那些在生活的风暴中心疲惫不堪、饱受打击或伤痕累累的人,以及那些感到迷失,淹没在外部的不确定性和内部的焦虑感中，且被双重打击的人。

　　内心挣扎是一种普遍的体验。我们可能有着不同的抗争经历，但我们都了解在困境中挣扎的感受。

　　所以这也是一本为极其善于内省的人而写的书。那些阅读了每一本关于高效的书并实践了其中的方法的人，他们都很成功，但他们知道自己仍然存在缺失，仍然有令人心烦意乱的问题没有解决。

　　这是为那些想解决问题的人而准备的书，他们习惯于努力工作，克服种种障碍，却发现自己常常要面对逆境中的抗争，并在其中滞留不前——面对的还是可怕而陌生的领域。

　　对于经验丰富的领导者来说，他们希望自己更富有同情心，更具备持续性，他们希望能看到团队茁壮成长，他们拿起这本书也许主要是为了帮助周围的人，但他们可能也会在故事里发现自己。

　　对那些心怀希望、充满梦想又面临挫折的年轻人来说，我希望这本书能带给你们勇气。就像查德维克·博斯曼（Chadwick Boseman）于2018年5月12日在霍华德大学（Howard University）毕业典礼上的演讲所说的那样，你们会"走更艰难、更复杂的路，一开始，这条路上的失败会多于成功，但最终会证实，这条路上有更多的胜利和更多的荣耀"。

　　这本书为谁而写？它为负重者和跌落者而写——为那些新生的力量和那些饱经风霜的人，为那些坚持不懈的和正在崩塌的人，以及那些处于这两种状态之间的人而写。

  这本书是给你的，也是给我的——它是给我们的。我知道，我们不太可能相聚。但我希望在这里，在字里行间，你能看到你自己，我们会看到彼此。我们一起学习，相互分享，开始生活，讲述一个关于内心挣扎的、与众不同的故事。

第一部分

# 更加机智：
# 看到机遇

PART 1

如果我们不再把内心的挣扎，看作一场战斗，

或者一个需要解决的问题，

会怎么样？

停止内卷，

我们的世界就会开始外延。

我们看到的是机会，

而不是障碍。

这是一种更聪明的

处理内心挣扎的方式。

## 霉运当头时

**哦，该死！**

霉运当头时，我们很容易直接跳到行动模式。
采取措施。
作出反应。
收拾残局。
逃之夭夭。
战斗。
逃跑。
即便只是待在那里不动，也不过是"我应该做点什么……但我没有做"的另一个版本罢了。

但是，也许我们第一步只需要说"哦，该死"。

该死，那是不可能的。

该死，一切都完蛋了。
该死，真是一团糟。
该死，我被困住了。
该死，我迷路了。
该死，我搞不定了。
该死，刚刚发生了什么？
该死，又是这样！
该死，好惨。

在你问"嘿……怎么回事"之前。
请花一点时间。
先看清这些霉运。

## 这是什么情况？

请先慢下来。
看清到底发生了什么？
看似愤怒，其实可能是痛苦。
看似轻蔑，其实可能是心不在焉。
看似危险，其实可能只是有些异样。
我们的大脑有很多误判。

我们的快脑①是不准确的，它生来就是为了寻找捷径的，寻找一种高效的工作方式。为了做到这一点，它会自行脑补，进行模式匹配并直接跳转到结论上。它寻找是非黑白、好人和坏人。它在各种夸张的描述和巨大的反差中进行思考。

我们的慢脑会反复斟酌、仔细考虑。它探寻阴影和细微的差别。会检查不同的角度，去调查谜团，去寻觅和发现……

这个过程中到底发生了什么？

### 战斗、逃跑或……

战斗或逃跑。在逆境中抗争往往就是我们的反应。

出现一个障碍，便更决绝地与之战斗。

身处是非之地，便逃之夭夭。

#### 战斗

当我们战斗时，我们获得了作战的荣耀，在喧嚣中奔走忙碌。我们拒不让步，精神亢奋，向对手放话"放马过来吧"。我们心跳加速，集中精神，武装好自己并奋力强撑。

但这都不是长久之计。

在最初的努力之后，当急性压力变成慢性压力时，我们

---

① 丹尼尔·卡尼曼（Daniel Kahneman）在《思考，快与慢》（*Thinking, Fast and Slow*）一书中描述了大脑的两种思维模式：系统1（我在这里称之为快脑）和系统2（我称之为慢脑）。本书第三部分中的"意外的超能力"一节对此会有更多的介绍。

的注意力会变得单一而短视。我们的自我意志变成了一道壁垒——在最好的情况下，我们把其他人视作干扰；在最坏的情况下，我们把其他人视作敌人。"这事由我决定……谁也别挡着我的路，我必须自己做这件事……"

这是一场孤独的战斗。

当我们为战斗做好准备，就会看到战斗无处不在。我们开始期待一场战斗，甚至主动挑起一场战斗。

我们身体的防御机制遏制了我们的创造力。因为恐惧感和好奇心无法并存。我们把每一次机会都看成一种风险，把每一处偏差都视作一个麻烦。

我们能在战斗模式下冲刺，却跑不了马拉松，也不能加强人际关系。

有些时候，我们会打破自我屏障；但有些时候，我们的内心直接崩溃了。我们都不是为了持续战斗而生的。

而当我们习惯于战斗时，却不知道如何享受来之不易的和平。

**逃跑**

当我们回避战斗时，我们就会退缩。我们明哲保身，畏畏缩缩，选择轻松的生活。

但这种选择将以未实现的梦想、不安全感和孤独感为代价。如果危险靠近，我们就会进一步退缩，作出更多让步，使我们的世界或我们自己变得更加渺小卑微。也就是说，当我们躲起来，躲在与积极抗争相反的另一侧，则会让我们所惧怕的东西变得更加肆无忌惮。

很多时候，我们遇到困难后，往往会转移方向，以寻找不同的出路——此时我们可能全然不知成功已近在咫尺。或者，我们会偃旗息鼓，从困境中抽身而出，与烦恼的事情切断联系，这样就没有什么能够逼近我们，伤害我们了。

我们陷入优柔寡断和拖延之中。我们错将期待中的紧张感当作不祥之兆，将它视作我们不够好的标志。我们妄自菲薄，我们自暴自弃，我们无所适从。

而且，渐渐地，这种看似远离麻烦的"轻松的生活"，也带来了一系列问题：自我怀疑、拖延、优柔寡断、妄自菲薄。我们通常会认为，主动发现自己的不足之处总比被别人指出来要好得多，然而我们才是批评自己最严厉的人。我们把让别人失望所带来的刺痛感，换成了一种对自己的不满所带来的钝痛感，并无休止地折磨自己。

**第三条路**

如果有第三条路呢？与其说那是一个中间地带，不如说那是一个更宽广的地带。

在生物学上，"非战即逃"的反应给了我们一个狭窄的聚焦范围。在危及生命的情况下，我们不需要上帝视角。我们将注意力集中在逃跑路线或敌人的弱点上。我们过滤掉了那些可能发生的事情，只专注于眼下那些生存所需的事情。

当我们停止战斗或逃跑时，会发生什么？当我们按兵不动，等待大脑中因激动而上涌的血气逐渐消退，让大脑的其他部分也开始工作时，会发生什么？

我们会开始注意。

我们会注意到危机背后的美好事物和机会。我们直面不适，用它的利刃来雕琢自己。我们去粗取精，发现不寻常的宝藏。我们容许堆沤的肥料滋养沃土，以供养植物的成长。我们容许粗糙的砂砾来磨砺自己。

我们的局限性给了我们新的视角。路障将我们重新导向了一条人迹罕至的道路。

我们要拓宽自己的视野。

我们的确也看到了更多。

更多的可能性，更多的背景，更多的细微差别。

在战斗和逃跑之外，是一个充满可能性的世界。

在那里，未知之事无须确定或回避，而是有待探索。

在那里，错误是通往发现的大门。

在那里，权力和力量以多种不同的形式存在。

我们的情绪会超越恐惧和喜悦这黑白两色，在二者之间扩展出一个更加丰富多彩的调色板。

我们提出更好的问题，除了"我如何战胜或逃离这一切"之外，我们还会问"为什么""在哪里""谁"，以及"如果"。

我们看到的不只有捕食者和猎物，还有朋友、旅行者、迷失的孩子、老师。我们的角色并不局限于成功者和失败者，或者英雄和恶棍，而是有一系列角色——参与者、寻觅者、园丁、制造者、疗愈者、搏斗者和拥抱者。我们是放浪的漂泊者和执着的滞留者，也是移山者和筑巢者。

那片土地超越胜利和失败而存在，它繁茂而幽深，荒蛮而野性，遍布形形色色的生命。那里有洞穴和小溪，冰川和峡谷，山壑和雨林。

作为人类，我们要记得，我们能做的事情远不止奔跑或战斗。我们还要去学习、猎奇、尝试、成长、领悟、发现、创造、修正、进化……

## ▍我们所见

### 错误的弯路，魔法产生的地方

在这样一个颂扬专业、崇尚成就的世界里，人们自然都渴望把事情做好。然而，生活中许多的成功和成就都是建立在失败的基础上的。

托马斯·阿尔瓦·爱迪生（Thomas Alva Edison）在发明灯泡的过程中，曾用了上万种失败的方法；在写《哈利·波特》（*Harry Potter*）之前，J.K. 罗琳（J.K. Rowling）的人生曾跌入谷底，书稿被拒了 12 次之多；比尔·盖茨（Bill Gates）曾从哈佛大学辍学；阿尔伯特·爱因斯坦（Albert Einstein）在 9 岁之前都不能流利地说话。

失败不是一种选择。它是一种必然。

我们经常注目于那些成功的典范，认为他们是坚毅的楷模。其实他们在找到正确的道路之前也走了很多弯路。但是你有没有想过，这些错误的弯路恰恰才是魔力所在！

如你所了解的那样，我们的大脑很懒惰。我们会对熟悉的事物存在偏见。在有选择的情况下，我们往往坚持我们所知道的东西。在出现问题之前，我们会持续做那些已经显现成效的事情，这种惯性的诱惑力太强了。

但持续使用旧的方法，很难带来创新。

发明家知道，想要有所创新就需要偏离常规；实验室里的科学家知道，当发生难以预知的事情时，才会上演真正的好戏；革新者知道，突破就存在于打破现状之时。

当意外发生在你有所准备，并期待通过出错而有所突破的时候，那就是还不错的情况。但更多的时候，错误的转折出现在我们对它没有期待且意料不到的时候。这些错误会让我们措手不及。它们会阻碍我们正在创造、发现或发明的东西。

1968年，3M公司的斯潘塞·西尔弗（Spencer Silver）在试图开发一种用于制造飞机的超强黏合剂时，误打误撞地发现了那种简单的便利贴所使用的黏合剂。喷墨打印机是佳能公司的一名工程师不小心将熨斗放在钢笔上时发明的。至于那个美丽又迷人的玩具机灵鬼（Slinky），则是海军工程师理查德·詹姆斯（Richard James）无意中撞倒了一个让敏感的船舶设备在波涛汹涌的海面上保持稳定的弹簧后，突发灵感所创造的。

> 那么，现在，
> 是什么在阻碍你前行？
>
> 那条不得不走的弯路，那件限制你、干扰你，或者让你烦恼的事情。
>
> 在这些阻碍中，有待解锁的是什么样的魔力？

**犯错很正常**

我们需要更加轻松地看待"犯错"这件事。

我经常听到这样的话。特别是那些希望变得更加灵活的组织,他们知道他们需要承担更多的风险,以进行创新。

但知易行难。

是什么让我们如此难以接受犯错?或者至少难以接受"将错误视为常事"?

不久之前,我犯了一个错误,直到两周后我才意识到这一点。当时,我的一个客户要来参加一个活动,她已经安排好了行程,我才意识到我告诉她的日期是错的。于是我给她的语音信箱留了言,希望她还没有启程,随后又给她发了一封邮件。最后她给我回了电话——幸好她还没有出发,可以重新安排行程,她仍然可以在正确的活动日期(错误日期的第二天)出席。

后来,我意识到了这个错误,我站在火车站台上思考着,不安、崩溃和感激的情绪莫名地交织在一起。

这是一个愚蠢的错误。对我来说是一个小小的失误,却给别人带来了不便。当你的工作是让客户生活得更好,让他们的工作更有成效时,一个给他们增加额外工作量的错误一定会让你感到很痛心!

为什么我们讨厌犯错?因为我们会受到惩罚。

犯错很少被赞美,大部分情况下是会受到惩罚的。有些时候，惩罚是小而微妙的——一个不认同的眼神，一种失望的感觉。有时候，它是清晰而毋庸置疑的——失败、罚款，甚至被剥夺自由。

一个错误至少会让我们付出时间和资源成本，更多时候，它会让我们在自信心、身份、地位和归属感等方面付出代价。

这就和"把事情做好了才是重点"是一个道理。犯错是对这个重点的偏离。我们的社会推崇专业人士，推崇有成就的人，而不是在犯错中学习的人。

错误里的真相是这样的：这件事本来可以做得更好，我希望这件事能做得更好。

但我们经常告诉自己的谎言是：我应该更了解的，我应该做得更好。换句话说就是，我还不够好。"那样做是愚蠢的"变成了"我是愚蠢的"。

我们把犯错与做错混为一谈。

一个错误的音符发出刺耳的声响，但这也可能是新乐章的开始。

偏差可以引发新的创造。当有人伸出双手弥补差距的时候，力不从心能让人们产生更多的交集。

我们在错误中学到的东西比在成功时学到的东西要多得多。但是，我们总是希望在不出错的情况下把事情做好。正如蕾切尔·赫尔德·埃文斯（Rachel Held Evans）引用诗人凯瑟琳·诺里斯（Kathleen Norris）的话说，我们有一种"试图成为圣人而不首先成为人"的倾向。我们没有耐心，总想寻找捷径。

作为人类的我们，怎么可能回避人类的生存体验呢？

我们需要修复、消除和避免错误的谎言，意味着我们从来没有对错误感到自如过。我们从不给自己留下空间或余地。我们急于求成，自暴自弃。我们告诉自己，当下出现了一些根本上的问题，然后这句话变成了我们自身出现了问题。

但是，当我们不再与错误打交道时，我们会变得非常不善于犯错。我们以笨拙的、膝跳反射似的、不健康的方式来处理它。我们把错误隐藏起来，让它发酵，推卸责任或者让自己遍体鳞伤。

我们害怕犯错，因为我们害怕被拒绝。我们担心做错事会使自己孤立无援，甚至有可能使我们从所在的群体里被踢出去。而在我们生活在族群里的时候，被拒绝是生死攸关的事情！

但是我在这一特定事件中的经历却恰恰相反。我的弱点让我获得了理解和亲切的对待。我的一位客户和一位同事都出面帮助我纠正了这个错误。他们是出于包容和一种共同的理解才这么做的。

你犯错时就会出现弱点。当你承认有一道缝隙，一处缺口，一个短处时，这也正是一扇门，是一个让人得以迈步向前、伸出双手与他人彼此相连的机会：

我们知道，错误总会出现。
我们理解，人孰能无错。
我们看到你了，我们不会视而不见。
我们和你在一起，我们共同来解决这个问题。

我们不会对你弃之不顾,我们会帮你收拾残局。

在我们眼中,可能会出现被拒绝的情况,但那恰恰也是一个产生交集的地方,一个生出感恩的地方,一个让人团结一心的地方。

也许我们需要开始庆祝错误,共同将错误视为开放的机会和寻常之物,以及学习、成长和发现的标志。

面对错误,让我们抬头挺胸,一起来吧!

**请你慢慢来**

出了岔子就需要时间纠正错误。相比之下,做那些我们所熟悉的且行之有效的事情,要容易得多,痛苦要少得多,我们也会感觉好得多!

特别是当我们非常忙碌的时候,当我们用做事的速度来衡量效率的时候。

我丈夫是一位经验丰富的软件工程师。那些初级软件开发者经常会带着问题来找他,因为那些人知道他知晓答案。

如果给他们一些时间,他们大概可以自己解决这些问题。给他们空间去探索、去失败、去学习,他们就会发展出自行寻找答案所需的技能。但是,通过询问更有经验的人来得到答案要快得多,所以他们就这样做了。因为他们以做事的速度为衡量效率的标准,而不是以成长、学习或创新为衡量标准。

有时候，我丈夫会和他们坐在一起，然后说："给我仔细讲讲吧。"在阐述自己的思路时，他们会放慢速度，在这个过程中他们就能找出自己的答案。还有一些时候，我丈夫会给他们指出正确的方向，而不是直接透露答案。

但我丈夫自己也有压力。当他被各类请求四面包围时，或者当他自己的工作也迫在眉睫、亟待完成时，他也想立刻就能找到最快的解决方案，然后直接把答案给询问者。但这恰好是问题源源不断的原因。

当那些即便在休假期间也以救火和秒回电子邮件而闻名的人得到表扬和晋升的时候，我们是在以高效率作为衡量标准，并扼杀了看起来不高效的一切。因此，对于创新和创造力，许多组织都是口惠而实不至。

当我们的日常对话围绕着：

你能多快完成？
我们多长时间能交付？
谢谢你这么快回复我。
我们快完工了吗？

我们说的是——"这件事最重要的是速度"。

我们没有说"这件事不能慢慢来"，但我们确实说了"这件事要快一点"；我们没有说"不要慢慢在那里学习了"，但我们确实说了"那件事完成了吗"。

文化就是在日常对话中形成的，有太多的时候，我们赞赏速度，是以牺牲会犯错、有风险的学习过程为代价的。

也许现在是时候进行更有目的性的对话了：

你在学习什么？

你在哪些方面有所发展？

你有什么新的发现？

那件出岔子的事，那个错误，再详细跟我聊一聊吧。你注意到什么不同之处了吗？

那场角逐怎么样了？

那起争端如何了？

请你慢慢来，我们是来学习的。

## 危机

二十多岁的时候，我遭遇了中年危机。（我很没耐心，我认为自己应该早点结束这场危机，早一点搞定它！）

我当时在一家颇有前景的创业公司工作，我的同事们都斗志满满。公司的市场部有两个人：一个是市场总监，他负责所有的决策；还有一个就是我，我的工作是让他的决策落地生花。

我一直都是一个全优生。"没问题"是我的别名。我磨炼出了一种技巧——我总能知道人们想从我这里得到什么，并能提供给他们。但是，有一点总是困扰着我：在猜测他人所需时，我需要更主动一些。

问题是，每次我主动出击，自行对他人所需作出决策时都会出错。"你为什么要这样做？"我常常听到人们这么问我。"因为我觉得你希望我这么做。"我如实作答。主动作出决策对我来说就是一场关于猜测的游戏。我要在一无所知的情况下找到正确的答案。事实证明，读心术并不是我擅长的事情。

我一直在这一点上犯错。我的自信被削成了碎片。最后，我被派去学习一门课程，我以为这门课会教我"如何更好地作出决策"，结果这次培训成了我对教练技术的初体验。课程中的教练并没有告诉我如何把工作做得更好，而是问我："什么能让你发挥得最好？""你发现自己在什么时候特别有活力？""你在什么情况下作决定或采取主动是最容易的？"

我们探讨了很多问题，这些是我青少年时期从来就没有想过的——那个时候，教会青少年团契的讨论和我的内省性格导致我过度自省。这位教练围绕着"我是谁""我在这里做什么""我想要什么"这些基本问题对我展开了提问。

长话短说吧，后来我辞掉了工作，组建了家庭。朋友们认为我放弃在公司享受带薪产假的行为简直是疯了，但我知道我必须停下来，离开那里。孩子出生时，我真正的身份危机开始了。我随之开始了一段缓慢的旅程，剥离了所有我"能担任"和"能成为"的角色，开始深究"我是谁"和"我选择成为谁"的问题。

我至今都庆幸自己没有在大公司工作。在大公司里，我的这个短处可能会被忽视好多年，我会从一个部门挪到另一个部门，行事恰如其分，以求在淘汰中幸存，但慢慢地、悄悄地，我的内心会一点点枯萎。

在小公司那种无处可藏的环境中，我感到了割裂般的痛苦。但事实证明，这种割裂感正是我所需要的。

15世纪初，"危机"还是一个医学术语，它是"疾病发展过程中的决定性时刻……在这个时刻，无论好坏，改变都会到来"。[①] 危机是一种令人痛苦的东西。在这一刻，某些事情必然要发生。无论是好是坏，或成或败。

中年危机在德语中是Torschlusspanik，字面意思是"关门恐惧症"——害怕自己站在大门被关上的、错误的那一边。

危急关头就是必须作出决定的时刻——这就是人生的馈赠出现的时候。没有犹豫不决，没有骑墙观望，没有迂回曲折，没有徘徊其间。无论如何，总得有什么东西需要被舍弃。

到了危急关头，我们往往才会愿意面对不同的决定，才会知道哪些才是真正利害攸关之事。

我和客户一起工作，即将作出重要决定时，他们往往先会围绕合理的选择打转。他们会寻找更新迭代和自然发展的规律。

他们会以兼职代替全职，以工作两天代替工作三天；他们会就工作量进行谈判；他们会让自己多休一些假期。他们不会问："这份工作中到底是什么在慢慢地折磨我？"

---

① 这是在线词源字典（Online Etymology Dictionary）网站上对"crisis"的定义。

还有一些人会作出重大的外部改变——从一份工作跳到另一份工作；开始另一个商业创想；忘记过去，重新开始——但他们会发现，正如一句话所说，"身在，心在"。

通常情况下，只有到了危急关头，你才会愿意把一切放到桌面上来。这时候，没有什么是一成不变的。一切都有待商榷。只有到了这个时候，我们才会真正了解什么是重要的事情（也许是做好某份工作，而不是混日子），什么是可能的事情（如果没有担任这个职位，我会不会有更多的自由来做我的工作）。

正如J.K.罗琳于2008年6月5日在哈佛大学毕业典礼上的演讲中所说的那样：

> 失败意味着不重要的东西都被剥夺了。我不再假设我不是我，而是开始将我所有的精力都放在一件事情上——那是对我来说唯一重要的工作。如果我真的在其他方面取得了成功，我可能就永远不会有决心在这个领域取得成功了，而这是我相信自己真正所属的领域。我获得了自由，因为我最大的恐惧已经解除，我还活着，我还有至爱的女儿，一台旧打字机和一个伟大的创想。因此，沉入谷底成为我重建生活的坚实基础。

有一种澄澈，它源于危机，而非源于自然进展。在这种清醒的舍得中，有一种东西可以穿透现状的盲目性，让人耳清目明。

当事情过于顺利，运转自如，发展良好时，我们就没有了改变的动力。我们可能会在边缘之处修修补补，但在很大程度上，我们还是会忍受现状。

还有另一种看待危机的方式：希腊语中的危机一词是Kairos（这个词被用来描述重大的时刻），而不是Chronos（即分分秒秒的线性、序列性的时间）。奥运健儿约翰·K.柯伊尔（John K. Coyle）在他的博客中将危机描述为"一种特殊形式的时间魔法，轨迹可以在几秒钟内被重置，几个月的动力可以在瞬间被释放"。

我们对危机有一种变化的、不确定的、破碎的体验。这就是它如此可怕的原因。万事万物都会支离破碎。但这种破碎蕴含着巨大的变化潜力。

或者，正如阿尔伯特·爱因斯坦所说："机会就蕴藏在危机之中。"

"

万事万物都会支离破碎。

但这种破碎
蕴含着巨大的变化潜力。

## 机会

当现状真正被全然打破时,就有了活动、探索和尝试的自由。

我们发现,当新冠肺炎疫情来袭时,以前那些被贴上"我们不能这样做"的标签的事情,现在人人可以为之。

多年来,气候变化激进分子和科学家敦促我们减少旅行,我们回应:"我们做不到。"突然间,天空放晴了,道路安静了。

现在,以前那些说"不能让员工在家办公"的组织,发现当每个人都必须居家办公的时候,工作依旧能正常进行。如今,办公桌轮用制和开放式办公室已经让位于远程办公和灵活办公。

世界各地的夜猫子和青少年可以自由地按自己的生物钟睡觉和工作,而不需要遵守强制性的朝九晚五的工作时间。

对高效的任意性衡量标准(如办公室谁看起来最忙),终于让位于对高效的新定义——以工作的效用和结果而非投入和出勤的时间来衡量(尽管这也不幸使得员工监控软件数量激增)。

有的企业,供应链被破坏了,但他们重新定义了交付产品和服务的方式;有些企业另辟蹊径,找到了全新的市场;还有的企业发现,他们真正拥有的硬通货,其实是藏在人际关系里的。

而这些创新产生的速度比以往任何时候都快。

因为当事情快速变化时,当没有人知道自己在做什么时,我们就更容易承受由此带来的错误。我们对不完美的集体容忍度会急剧增强。

创新很少来自核心地带,它常常来自边缘地带。

效率和经验重视核心，在那个地带行事，有利于我们更加妥善地解决问题，还可以对解决方法进行打磨和完善，那是我们建立声誉的地方，是我们感到舒适自如的地方。

这样的地带让我们感觉良好，我们也就没有什么动力偏离这个区域。只有传统的解决方法被关停，我们才会到边缘地区寻找另一种方法。这就是为什么我们往往需要危机，从而获得真正的创造力。

当寻常状况不复存在时，我们就有了深入探索更加疯狂的创想的自由。

我们创新的方式也会随之发生变化。

网购、线上瑜伽课、众筹电影、虚拟看房。通常情况下，这些举措需要经过一轮又一轮的数据分析、市场调研、产品测试、风险评估和董事会批准才能落地执行。

据《经济学人》（*The Economist*）报道，一些大型企业，即便过去已经习惯于采取缓慢、昂贵、保守、规避风险和重度分析的方法进行创新，如今也被大环境所刺激，形成了更快、更灵活、具备协作性及分散性的创新方式。伦敦商学院的加里·哈梅尔（Gary Hamel）表示："在一场小型危机中，权力会向中心转移。"同时他也认为，在一场大型危机中，"它（权力）就会转移到边缘地带"。在新冠肺炎疫情过去之后，权力可能仍会在边缘地带停留一段时间。

**不可能才是游戏的改变者**

当传统的方式被关停时,我们才会探索非常规方式。

我们需要路障,才能寻求新的路径。

我们需要约束,才能探索新的可能。

我们需要催化剂,才能创造变化。

有时候,"做不到"正是我们需要听到的话,只有这样,我们心中才能产生新的想法。

**那件让你恼火的事**

当我想到学习经历时,我联想到的是那些重要的、可怕的、新的和有风险的事情。我想起的是那些需要我站起身来或者走出舒适区之外的时光。我想起当新的学习任务即将来临时我做好准备迎接冲击的那些时光。

我没想起来的是那些狡猾的麻烦事,在某个平凡的日子里给我造成的突如其来的教训。它们都会让我在回味时发出感慨:"这是什么鬼东西?"

那些让我感觉当头棒喝的教训。

其实这都是我很容易错失的学习机会,因为在这些时刻,我不觉得自己在学习。我感到惊恐、恼怒、失望,以及吃亏上当了。我甚至觉得自己要报复或者退缩,战斗或逃跑,问责或羞愧。

他们以为自己是谁？

为什么要这样对我？

但这些都有可能是重要的学习时刻。

我的化学家朋友裘德提醒我，催化剂从本质上来说是一种刺激物。

那些正在刺激你的东西——如果它能成为产生改变的催化剂，会发生什么事情？

**怨恨的馈赠**

大多数需要设定目标的课程都会告诉你，要建立积极的目标。不要专注于你不想要的东西，而要专注于你想要的东西。

同样，大多数营销课程都会从建立客户的形象开始。你要关注你的目标客户，就要关注他们方方面面的细节。他们的名字，他们的年龄，他们的家庭，他们读什么书，他们在哪里工作，他们关心什么，什么让他们晚上睡不着觉……坦白地说，我一直都很不擅长做这种练习，事实上，我经常跳过这种练习。

专注于你想要的东西有助于让你的行动聚焦。这就像我的驾驶教练在多年前对我说的那样——你的眼睛看到哪里，你的手就要跟到哪里。

如果你知道自己想要什么，这就是一条合理的建议。

当你不确定自己想要什么时，当你只是有一个模糊的想法或大方向时，想象出一些虚幻的东西是十分困难的。有时候，我们最终的想象所得是对成功的刻板印象，是基于多年来的道听途说。我们想象出了好的工作、好的生活或好的客户的样子。

事实上，多年以来，我个人对成功的定义是随着每个决定、每个项目、每个客户而不断变化的。当某件事情进展顺利时，我的胆子就会大一些，光芒就会更耀眼一些；但是，当某些刺耳的声音响起的时候，我的头脑就会变得更清晰。这都是我对成功的理解程度呈指数级增长的时候。

哇，为什么那场邂逅让我感到被利用了？

哪个按钮被按下了？

哪些界限被越过了？

当一个客户最后变得难伺候时，当一段人际关系让我感觉"不对劲"时，当一个漫无目的的人浪费了我的时间时，当供应商让我大失所望时，当某些事情让人感觉不对时，我内心会有一个声音说："不该如此。"

正是那些尴尬的遭遇让我获益最多——当我允许并接受尴尬发生的时候。

但让我们面对现实吧，那些狡猾的麻烦事是很耗费时间和精力的——即便事情都结束了，它们仍会在我们的脑海中久久回荡，挥之不去。

当感觉已经浪费了很多时间时，我们最不想做的事情往往是花更多的时间在上面。我们渴望结束，要么发泄出来，要么自我压抑。但我们最快速的反应最终可能会加深伤口或延长痛苦。

在令人不适的境况中提升自己，意味着要在这种不适的境况中多坚持一会儿。我们要忍受悲伤或愤怒，直到我们聪明的大脑重新启动，找出一些有建设性的事情来做。

界限就是一个很好的例子。我们这些需要更好地保持界限的人，却很少把它放在我们待办事项清单的首位。作为一个平时很随和、很包容的人，直到被冒犯，我才会意识到自己的界限在哪里。

快速的解决方法是，对界限被冒犯这件事情作出如下自我解释："有些人只是胡闹""这不是你的问题，是他们的问题""是时候向前看了"。这些解释有各自的作用。但是我发现，更有实际帮助的是，利用这段经历带来的清晰认知阐明自己在未来的期望和界限，并且能够更清楚地说明：这是我的工作对象和工作方式；这是你们对我的期望，同时也是我对你们的期望；这是接下来会发生的事情；不，你不能靠请我喝一杯咖啡来向我请教问题。①

怨恨能将清晰的认识推至表面。有的时候，它很尖锐、很刺耳，还有一些时候，它会慢慢消耗你直至你精疲力竭。但无论如何，我已经学会去留意这种特殊的"砂纸"，那些把你磨得生疼的东西同时也能厘清你的头脑，改善你的思维。

---

① 我曾写过一篇文章，名为《请教一个问题："我能给你买杯咖啡吗？"及其他》（*Pick my brain: "Can I buy you a coffee" and other questions*）。

## 开启混乱的大门

我们经常将混乱视为需要控制的东西。当我们奋起抗争想要遏制它、驯服它或解决它时,又会认为自己做得不对。但如果是我们弄错了重点呢?

我们无法控制无常的天气,但我们可以利用风和浪的能量为医院和房屋提供动能。

我们无法控制蹒跚学步的儿童(天知道我们尝试了多少次),但我们可以将他们的能量和精神视作需要培养和引导的东西,而不是需要驯服或压制的东西。

如果混乱不需要被征服,而需要被解锁,会怎么样呢?未经开发的能量需要引导,而不是压制。潜力需要释放,而不是压抑。

如果我们应该做的不是解决问题,而是深入其中并改变混乱的状态呢?

这正是伊莱恩·哈利根(Elaine Halligan)在《我的孩子与众不同》(*My Child's Different*)一书中所描述的事情,这本书记录了她对儿子萨姆(Sam)的教育历程。萨姆在 7 岁时已经被 3 所学校拒之门外,并被贴上了一大堆标签,他被称为"字母小子"[①]。

---

[①] 萨姆被诊断患有孤独症谱系障碍(ASD)、注意缺陷与多动障碍(ADHD)、对立违抗性障碍(ODD)和病态需求回避综合征(PDA),这些疾病的缩写都是字母,所以萨姆被人称作"字母小子"。

在养育孩子的早期，伊莱恩曾与很多学校和专业人士一起，为控制萨姆的极端行为而进行过诸多努力。萨姆易怒、冲动，无法集中注意力，也无法遵守指令，他容易分神且对不顺心的事情反应强烈。有一所学校，觉得萨姆实在难以管教，甚至把他锁进了柜子。另一个专业机构主张并采用了身体约束的方式。然而这些遏制、限制和控制举措往往使事情变得更糟糕，反而加剧了萨姆焦虑和失控的感觉。

对他们来说，事态的转折出现在伊莱恩学习正面教养技巧后。这些技巧有描述性表扬、情绪辅导和正面管教等，所有技巧都侧重于提升养育过程中对孩子的理解，加强抚养者和孩子之间的情感联系，以及提高孩子的自尊。这些技巧会帮助萨姆了解自己，为自己的行为负责，并从错误中习得经验和教训。

此后，萨姆成了一个自信、善于表达、喜欢冒险、独立、有责任感和有承受力的年轻人，他有着这个年龄段的人罕见的情商和洞察力。阅读和写作对他来说仍然是件很艰难的事情，但这并不妨碍他在毕业时获得房地产管理学专业的学士学位，以及成为一名创业者。他经营老爷车销售业务，这些车会被销往全球。

正如伊莱恩所说：

> 萨姆与众不同。而现在他正拥有这种不同，并发挥了这种不同所带来的长处。他从自己的所有经历中获得了动力、勇气和韧性。他早年遭受过残酷的失败，

但现在正以 10 倍的速度获得弥补，他真正活出了精彩人生。

**那个被投诉的人**

这是一个炎热的夏日，滑铁卢车站（Waterloo Station）里的人群正在迅速壮大。火车卡在轨道上，挤满了汗流浃背的乘客，他们无处可去。"延误"这个词在公告板上来回显示，取代了列车的预计抵达时间。有人提到了线路起火的事情。

在大厅中间，有一名警卫正与周围的人群进行眼神交流，正用他所知道的那一丁点儿信息回答问题，然后他微微摇头，公开承认自己和这些乘客一样感到困惑、不确定、不知情。他给不出任何答案或解决方案，只是在那里杵着。

我一直很想知道从事客户服务工作的人是如何处理投诉的。有些人会用对抗性的方式应对。他们会正面处理投诉。在和客户激烈紧张的对抗中，他们坚持自己的立场，据理力争，并争辩说"这不是我们的错"。

有些人则会完全回避投诉。他们从客户的视线中消失。他们关闭了自己的社交网络。他们不愿意面对现实，直到整件事情平定下来。"我们对此无能为力。"他们会给出这样的理由。

但有些人采取了第三种方式。

他们不会抗争，也不会躲避。他们做了与这两者完全不同的事情。

他们会直接面对，会接受这种情况，并将它视作一个机会，用来帮助和指导他人，带来清晰的信息，且保有同理心，让人们恢复和平、幽默、理智和尊严。

他们不会把逆境中的抗争看作一个需要解决的问题，或是一场需要与敌方对抗的战斗。他们把它视作一个挺身而出的机会，他们会在抗争中尽一己之力，哪怕是把自己当作一个传声筒，一只善于倾听的耳朵，或是一只提供帮助的手。

要做到这一点，他们需要放下"我是对的"这种想法，要放下拥有所有（或任何）答案的想法，并愿意深入问题之中。他们清楚地知道，自己可能无法解决这个问题，却能够为他人提供帮助。

这样的人会建立起人际关系和声誉。这样的公司在出现问题时，客户的忠诚度甚至比公司一帆风顺的时候还要高。

> 混乱中蕴含着魔力。
> 混沌中也有美丽的风景。
>
> 逆境,
> 正是创造力的发源地。

## 看事件本身

### 愤怒时我们错过的东西

事情不应该是这样的,它不应该如此艰难,我不应该如此挣扎。

有时,在抗争中,我们所需要挣脱的最大困境,就是我们在抗争的事实。

为什么这么难?为什么我还在纠结和挣扎?为什么我不能保持冷静?

为什么是我?万事皆难。每个人都在针对我。

我无法相信这一切又发生了。

当我们愤怒时,很容易过度认同和放大自己的情绪,并陷入心理学家马丁·塞利格曼(Martin Seligman)所说的3个P中。

个人化(Personal):这取决于我,是我的责任;我必须自己来,没有人可以帮助我;这是我的错;我不应该苦苦挣扎;我出了问题。

普遍化(Pervasive):不只是这件事,而是所有的事情都有问题。我的房子是个垃圾堆,我的花园是个烂摊子,我和我的家人或朋友见面的时间太少。我本来是要做兼职工作的,但几个月以来,我一直做着全职工作,试图让一切尽在掌控中。我已经很久没有放假了,我睡得不好……我似乎什么都做不好。

生活就是一场巨大的纷争。

长久化（Permanent）：事情永远都是这样的。我看不到尽头。

不论什么时候，如果我们发现自己在使用"总是""永远不""一切"和"一切都不"这些词，我们就有可能在发怒。非黑即白式的思维确实有它的诱人之处，但也使我们内心的纠结变得更严重，而且是完全不真实的。

当我们陷入"应该如何"的思维模式时，我们就会错过真相。

这件事的真相是什么？

我实际上是在处理什么问题？

这些问题会让我们的思维从普遍化转向具体化。检查并定义我们正在处理的问题的性质、规模和范围。看看它何时出现，何时消失。

是什么让这件事如此艰难？

这种感觉背后的原因是什么？

也许你现在正在处理很多新的事务，你已经达到了处理"新事务"的极限。也许这种感觉特别难受，因为这是一个让你感觉戳心的问题。也可能你只是太累了，无法思考，所以现在一切看起来都更糟糕了。

我现在到底要做什么？我当下的角色是什么？

当你感觉到"我就是不能应付这件事"的时候，最好问问自己"应付"到底意味着什么。在这种情况下，我们的角色和职责是什么？是要确保没有任何不测发生，还是要在问题发生时解决它？是要知道所有问题的答案，还是要学习和发展？是要让问题消失，还是要在问题发生时提供支持？是单枪匹马地拯救世界，还是作为团队的一分子行事？

还有什么其他的事情呢？

内心存在纠结和斗争（甚至正因为它们存在），你还能看到真、善、美的事物吗？消极情绪很容易掩盖一切，会让人只能通过一个片面的视角来看待一切。

我曾和一个深受"我必须自己来"的想法所困扰的人聊天，我们聊了40分钟，她才发现："我说谎了。确实有人帮过我。我已经完全忘记了这一点！"

这恰恰是她身边最珍贵的东西——他人的支持，她所在的社群。她并非孤身一人，接受帮助并不会让她变得软弱。

我们在愤怒时错过的东西就是困境中的财富——火花、微笑、希望的光芒、力量、能量或目标。这些财富不一定能使那些困扰你的事情消失，却能改变你身上的某些东西。

当我们愤怒的时候，我们会患上"情绪近视"。如果我们认为某件事情是坏的，我们就无法在同一空间里看到好的可能性。如果某件事情很困难，我们就看不到它如何才能变得容易。我们的所见无法超越眼前。

正如乔治·奥威尔（George Orwell）在《巴黎伦敦落魄记》（*Down and Out in Paris and London*）中所描述的那样，"作为补偿，贫穷也回赠了你一样东西：完全不再想以后的事"，处于危机模式使你专注于此时此地。

与我共事的一位企业领导人坦白道："问题在于，危机是一个非常有效的工具，它可以让人们完成任务。我们在危机中表现得非常好，所以领导者会常常利用危机让人们完成任务。"

从短期来看，我们的战斗力可能会大到令人难以置信；从长远来看，我们会迷恋肾上腺素刺激，从高处跌落到低处，最终精疲力竭。

当我们愤怒的时候，我们错过了什么？下面就是我们所错失的宝藏：

帮助过我们的人。我们会成为的人。我们建立起的信心或掌握的技能。足以支撑我们挣脱困境的学识。迎难而上或者接纳失败。

我们应该这么做：

冒险并不意味着事情会在意料之中。舒展并不意味着舒适。关系并不意味着可以一帆风顺。当我们遭遇逆境时，与其想"这件事不应该这么难"，不如先想"啊，我应该这么做"。与其想"我错了"或者"我要让这一切结束"，不如卷起袖子，说"这正是我需要的"。

## 我们所给出的意义

这一切意味着什么？
是我失败了，还是我在成长？
是他们在针对我，还是他们害怕我？
是我出错了，还是这正是我所需要的？

这些答案都没错。
它可以意味着一切——我们所赋予的任何意义。
人类在创造意义方面非常出色。这就是我们所做的事。从荒唐到崇高，我们编织故事来创造意义，为我们的经验赋予意义。
也许更好的问题是：

我要让这一切有什么意义？

## 注意到恐惧

心理辅导员说："这听起来像是恐慌……"
我被吓了一跳：这个看起来能说会道、冷酷无情、精打细算，听起来很有逻辑却完全不讲道理的人，居然会惊慌失措？我无论如何都不敢苟同。

我丈夫是一名工程师。他处理逻辑和程序比处理人际关系和情感要自如得多。他说着流利的极客语言,能看懂各种代码的含义,但是如果你丢给他一个社交媒体群(群里都是想组织大家搭便车的人,家长和孩子的名字满群乱飞),他一定会大惊失色。

他还有一段童年创伤史和被忽视的阅读障碍症,这意味着他有一些完善的自我防御机制。

我们花了一些时间来解决这些问题,这才注意到他的防御机制何时会被触发。我们意识到,在某一刻不管我做了什么或没做什么,他的反应整体上都比应该出现的反应要强烈得多。

小事件会引发巨大的反应,导致深深的伤害,这让我徘徊在羞愧(我怎么会错得这么离谱?我一定有问题!)和责备(但我所做的只是……我不应被如此对待!他有问题!)之间。

而我在这两种情况下的典型情绪反应——提高嗓门,加快说话速度,行为举止变得更加夸张和富有表现力——都给他增加了恐慌和困惑。

如果我不指责他反应过度,他就永远不能表达痛苦,他能做什么?而如果最小的错误或沟通不畅都可能引发痛苦的海啸,我又能做什么呢?

恐慌的想法被放在台面上。这改变了一切。

如果他不是在攻击我呢?如果他只是在恐慌呢?

如果我认为我被指责了,我自然会想为自己辩护。如果我认为我被误解了,我当然想澄清事实。

但是，如果我面前的人惊恐发作，我要做的不应该是争辩、证明或解释，我要做的就是让那个人感到安全。

因为在他们感到安全之前，谈论这个问题毫无意义。与恐惧争论是没有意义的。恐惧是不符合逻辑的。正如与一个不知所措或过度疲劳的幼儿争论是没有意义的一样。我们能做的最好的事情是接纳他们的情绪，并向他们保证他们是安全的。最终，他们会找到自己的解决方式（或者就直接睡着了——我的孩子就经常这样）。

什么能帮助我丈夫获得安全感？身体接触。一只安慰的手、一种令人宽心的声音。如果我认为我受到了攻击，这是我心里最后想到的事情，但如果我认为他有高功能惊恐发作，那么这是最自然的反应。

仔细想想，在工作和生活中，大多数攻击行为背后的情绪不就是恐惧吗？在有冲突、紧张或压力的地方，当我们感觉受到攻击或想要发泄自己的时候——这些行为背后很可能潜藏着恐惧。

有一天，我正在遭受一位同事的电子邮件愤怒症（就像路怒症，但是这些愤怒是针对电子邮件的）的袭击。我感觉我们完全陷入了僵局，直到我们开始表达恐惧，局面才松动了。结果我们发现，我们并没有就同一件事情针锋相对。我们对我们要讨论什么完全没有达成共识，而且，我们的恐惧在很大程度上是没有根据的。

当我们学会关注时，当我们注意到自己和他人的恐惧时，当我们敢于面对恐惧、好奇心被激活时，很多事情都会改变。

### 一种更好的观察方式

恐惧说："该死！有事情发生了！"
好奇心说："噢！有事情发生了！"
恐惧说："危险。"
好奇心说："这真有意思！"
恐惧说："不要去那里。"
好奇心说："让我们来仔细看看吧。"

### 更好的问题

我看到了什么？我没看到什么？
我让这件事有什么意义？
这件事还意味着什么？
这个问题有什么益处？

这些都是能挑战我们所默认的非黑即白式思维和非战即逃式思维的问题。要解答这些问题，就要将视角放置在黑白两极之间，颠倒视角才能看到。

假设问题也是很好的开场白。

如果这有更多的含义呢？

如果这是恐惧在说话呢？

如果这恰恰会使我有最大的作为呢？

如果这是一份礼物，或者是一个好消息呢？

如果这是宇宙在清除我的烦扰呢？这能为什么事情留有余地？

有什么从前不可能在这种情况下发生的事情，现在成为了可能发生的事情？

## ▍看事件外延

### 寻找宝藏

我们总在显眼的、闪亮的地方寻找宝藏——大厅、宫殿、陈设品展厅、收藏品展厅。那里的照明经过优化，空气经过消毒。

我们在那里寻找，因为那是我们喜欢存放宝藏的地方。宝藏整齐划一，被抛光、被展示。我们把它们汇集在一起，以展示我们最闪耀的财富。我们策划展览、分离展品并编辑说明。

我们忘了，这些地方从来都不是宝藏的初始之地。我们存放宝藏的地方不是我们发现它们的地方。

我们常常发现，宝藏被埋在泥土里。它们在山洞里丢失，或者在烈火中被锻造。

当我们忘记这一点时，我们所看到的就只是泥土、黑暗、困难、痛苦和损失，是那些糟糕时刻的烦心事。

这就难怪我们想脱身而出——这是我们对待坏事情时的自然反应。如果可以的话，我们会完全避开它，但如果不能避开，就要做我们需要做的事情来渡过难关。

我们会进行最低限度的参与和最少的情感投资。蛰伏起来。把人们拒之门外。只专注于到达彼岸。

但是，如果我们知道在黑暗的时刻更容易寻获宝藏，我们就会重新调整雷达。我们会更加留意，留意机会、挖掘真相。

事实可能是，你无法控制自己必须传递的坏消息，但你可以控制自己如何传递它。

美好可能就存在于人和人联系的那一个瞬间。那个停下来问你怎么样的人，或者和你并肩而坐的人。因为那是他们当下唯一能做的事情。

我们甚至可以在虚幻中找到宝藏。

即兴表演艺术家卡伦·施托贝（Karen Stobbe）的父亲被诊断出阿尔茨海默病，她发现在与阿尔茨海默病患者的相处中，即兴表演的准则也颇为适用。

阿尔茨海默病患者经常被告知"不"。不，那不是贝蒂。不，你从来没有养过猫。不，今天不是星期二，是星期五。这些"不"对他们和他们周围的人来说是令人沮丧的。

即兴表演的原则之一是要接受和创建，要使用"是的，并且"之类的词。要求我们不去纠正对方，而是接受他们眼中的现实，顺其自然。让自己暂时沉浸在他们的世界里，不管他们的世界有多么肆意和失真。这样一来，我们便允许了这个世界的真实性的存在，并在双方之间建立起宝贵的联系。

## 超越二元论

也许现在是时候摆脱钟摆式的思维方式，摆脱事情非好即坏的想法了。比如人们要么支持我们，要么反对我们；我们不是赢就是输。

我的朋友约翰正与癌症共同生活。他特意选择了用"共同生活"来形容自己和癌症的关系，而不是斗争，也不是战胜。

和许多人一样，他厌倦了人们形容癌症时经常使用的那些关乎战斗的语言。他认为，这不是在打仗；它仅仅是一种需要治疗的疾病。

是的，"让我们战胜癌症"对于慈善机构和筹款者来说是一个有煽动性的表述，有利于争取到相应的支持，但它也可能是一种伤害，"输掉了与癌症的斗争"这一描述正是在无意中暗示这些"失败者"不够努力。

此外，战斗／逃跑反应的生物效应之一是免疫系统的关停（免疫系统不会帮助我们战斗或逃跑——它对当下的生存不是必要的），如果你真的希望你的身体专注于疗愈，那么免疫系统的关停是相当无益的。

钟摆式思维也会导致我们从一个极端走向另一个极端。约翰是这样说的：

请想象一个钟摆在两端之间摆动。一端是对罹患癌症的极度恐慌,另一端是完全接受这种情况,没有任何担忧,甚至到了忘记自己患有癌症的程度。

你并不会停留在一个固定的点上,因为你不是机器人;你有情绪和担忧,它们会根据你最新的检查结果或者你的身体感受而波动。你会交替拥有好日子和坏日子。

当你从一个极端到另一个极端摆动时,就会产生大的情绪波动,这会使你的战斗或逃跑压力系统进入超速状态。你必须学会接受这种变化的状态,带着它所导致的紧张感生活在这两个极端中间。这样一来,不管是遭遇深度抑郁的时刻,还是碰到异常快乐的一天,对你来说都是可以接受的,因为你的情绪波动比较小。

这让我想起我初为人母时,我的一位同样是妈妈的朋友说过的一句话:我在大部分时间里都会做一个足够好的妈妈,并会间歇性地陷入荣耀和绝望的循环之中。

现在,我们有一个选择:矛盾思维。

这件事既困难又令人兴奋。
我今天很痛苦,同时我也感觉很好……

我觉得很矛盾、很纠结,但我也很坚强。

我知道……同时我也在学习……

事情有好也有坏。

糟糕的情况中也有意外之喜。

还有我最喜欢的一句话,来自作家格伦农·多伊尔(Glennon Doyle):生活是残酷的——残酷而美好。

**做人的矛盾之处**

欢乐与悲痛,喜悦和悲伤,并不是相互排斥的,也不会轮番现身。当它们同时涌入我们的感觉系统时,它们不会相互抵消,而是相互砥砺。它们带来的碰撞会使一切越发生动、凄美且真实。

我最近给一个朋友发信息说,每次我在不断更新的社交媒体中看到我们共同的朋友卡萝尔的照片时,她的笑脸都会让我不自觉地笑起来。微笑过后,一股悲伤和失落的情绪又会油然而生:卡萝尔在三年前去世了。

但我的第一反应总会是微笑。看着那张笑脸,我忍不住就会笑起来。卡萝尔对我们一直就有这样的影响力,难怪这也成了她留给大家的遗产。

如果你今天感到悲伤,那就悲伤吧。如果你是快乐的,请享受其中。

如果你既快乐又悲伤,那我和你一样。你并不疯狂。你并不古怪。

欢迎来到生而为人的矛盾中。

**体味你的痛苦,但不要放大它**

> 以一种尊重痛苦但不伤害他人的方式来保持住痛苦的感受是一件非常困难的事情……我已经学会了在不刻意放大痛苦的情况下感受它——如果这样做有意义的话。它是潜伏在我皮囊下的一只巨大而笨重的熊,我可以平静地把它安置在那里,确保它不咬伤任何人,直到它再次入眠。
>
> ——乔茜·乔治

感受痛苦和放大痛苦是有区别的。

更聪明的抗争方式不是要否认痛苦,而是在不放大它的同时感受它。

在尊重它的同时,把它带到阳光下。不要让它挤兑其他事情,不要让它占据中心舞台。不要挡住它,也不要让它挡住其他事物。

你要看见它,并要看见它周围的东西。

**生活，被打断了**

"等……时，我再去做。"

等孩子们长大的时候；等工作平稳或者变得不那么复杂的时候；等我看完电子邮件的时候；等我扑灭了这场火和下一场火的时候；等我们招到更多人的时候；等我的银行卡里有更多钱的时候；等我感觉更有信心，或者不那么累的时候……

我们常常把在困境中抗争看作"生活，被打断了"。

障碍挡在路上。出现问题时，把生活搁置起来，进入危机模式，阻止我们继续达成我们想要追求的目标、规划、愿景和生活。

如果这就是生活呢？

如果这个糟糕的时刻正是生活本身呢？

**生活就是如此**

如果我们不再执着于等待内心的挣扎完全过去，而是用全部的时间活出生命的充实——无论境况如何，无论我们在何处发现自己。

即使在那些不可能的时刻，在那些意外而狡猾的麻烦事中，在那些糟糕的日子里，我们也要奋力生活，而不是只在原地等待着完美的生活从天而降。

我们引领众人，即便我们没有被授予权力；我们挺身而出，即便我们手中没有所有问题的答案；我们给予他人希望，即便我们内心正感到崩溃。

生活不是从一帆风顺的时候开始的，生活就存在于那些抗争和搏斗的时刻，在那些出乎意料的对话中，在那些弯路和绝境中。

让我们心存犹豫地、略带尴尬地、不那么完美地行事，就在当下，就从现在开始，好吗？

## 不可能的领导力

约瑟是个自信的孩子，自信到甚至有人会觉得他狂妄自大。他充满热情和活力，且受人爱戴。他的家庭一直有偏袒某个孩子的传统，他就是家里的那个宠儿，父亲非常喜欢他，他也因此遭到兄弟们的嫉恨。

他将成为一个领导者。他很确信这一点。他觉得这就是自己的使命。

可惜生活偏偏没有这么静好。

是的，他就是那个身着彩衣的人，那个做梦的人……（哈哈）

看起来，约瑟的领导者之梦似乎不太可能实现。当然，他有一个闪亮的人生起点。他被爱着，被祝福着。而且他很聪明，有强烈的目标感、使命感和认同感。

但是后来，他惨遭遗弃，被心存嫉妒的兄弟们扔进坑里，变卖为奴。他被剥夺了一切——他的人生、家庭和自由——所有想要成为领袖的希望。

当他被困在那个坑里时，他会想什么？

什么样的领袖会有这样的人生？每个人都讨厌我，有谁会追随我呢？

看一看周围：我无路可逃，无处可去。也许我就属于这里？

我是谁啊，居然认为自己可以成为一个领导者？显然我还不够好。

也许是我弄错了？也许是我搞砸了？

他到达埃及后，从一个童奴成为一名管家，但当他拒绝主人妻子的追求时，却被诬陷为强奸犯。在监狱里，他再次成为领导者，似乎有了一丝出狱的希望，然而又被困在监狱里好几年。

在他第一次被卖为奴隶的20年后，他终于走进了法老的宫殿。在那里，他被安排负责管理整个王国，领导实施了有史以来最为成功的食品银行计划，使整个国家的人免于死亡，其中包括他自己的家庭成员。故事兜兜转转，他再次和兄弟们团聚。

如果说谁有资格被称为拥有"被打断的人生"的话，那一定是约瑟。然而，他没有等待更好的机会出现，他也没有放弃他的梦。

约瑟的领导地位产生在最不可能的地方。他不是在自己的土地上成为领导者的，也没有和自己的人民生活在一起，而是在异国他乡成了领导者——在那里，他被贩卖为奴；在那里，他只是一个奴隶；在那里，他被囚禁。

颇具讽刺意味的是（可能也是非常恰当的），梦——这个当初让他陷入困境的东西，正是日后让他摆脱困境的东西。

> 如果这就是生活呢?
>
> 如果这个糟糕的时刻正是生活本身呢?

**小小的胜利**

有些时候,胜利并不是到达目的地,或者解决某个问题。

胜利不是抵达隧道的尽头,而是在隧道中亮起一盏灯。胜利是发现一件美好的事;是向前迈出一步;是倾盆大雨中的一缕阳光;是一个美丽的火花,无论它多么微小或短暂。

胜利出现了。你做了应该做的事。你不知道自己有没有必要到达"那里",也不知道"那里"究竟在哪里,但你要相信,你的每一步、每一个动作、每一句低语,都是有意义的。在这些努力中会出现一些东西——一幅画、一支舞、一次创作、一个方向。

这样能保全你的职业操守、你的情绪和勇气。

你要一步一步来。

要激活好奇心,一次回答一个问题。

要从小处着手。

开始吧。

一小步。

一个问题。

一个有用的想法。

一次行动。

一个美丽的火花,无论多么微小,多么短暂。

一个善意之举,一个安抚的动作。

一个停顿的时刻。

一句"哇,这很有意思"的鼓励。

请问问你自己:"今天我怎么才能更好地帮助你?"
给予自己所需,让自己心满意足。
令人震惊的是,我们经常会忽略那些有效的事情,因为它们看起来太渺小、太简单了。

**别人的霉运**

在我们继续前进之前,我有必要声明一下:不是每个问题都是要你来解决的。

当我们在乎某件事的时候,当我们要对别人负责的时候,我们可能会陷入过度负责的陷阱。

孩子在学校处境艰难不是你的问题。你可能在如何养育他们、支持他们和满足他们的需要等方面存在纠结,这两者有联系,但后者与孩子所感受到且试图奋力挣脱的是不一样的。

尽管我们很想帮孩子解决问题,但这不是最佳之举。

事实上,有时当我们放下"我必须解决这个问题"的执念时,我们可以给予他人更好的支持。

有一天,我丈夫很早就把我叫了起来。他急着要去上班,但他找不到外套、车钥匙和钱包了,于是我起床帮他找这些东西。我在屋子里走来走去,一边走一边检查和翻找。最后,当我打开柑橘温室里的灯时,我找到了那件外套。前一天我们修理走廊的地板时,我丈夫把它挂到了窗边的一个衣架上。没开灯的时候,这件黑色的外套会被黑暗完美地藏匿起来。灯一亮,它就无处遁形了。

这时候,我注意到一件很有趣的事情:我和我丈夫在做同样的事情——我们都在找这件外套,但我们对此有着完全不同的体验:他很有压力,而我却没有。

在他看来,他应该能直接拿着外套就走。他需要出门坐火车,才能按时上班。寻找外套的额外工作阻碍了他完成这一系列事情。

在我看来,我需要做的就是起床帮他寻找外套,我也这样去做了。如果我对让他按时上班这件事过度负责,我会和他一样有压力,而且这种压力对找到外套这件事毫无帮助。

### 那条狗怎么办?(或为什么我们会慌张地购买卫生纸?)

有个人曾经告诉我,她曾在为吸毒者家庭提供支持的援助热线工作过。求助者们所面临的都是相当严重的创伤性事件。

"他把钱拿走了,我没钱养活孩子。"

有时,热线电话中会出现令人惊讶的转折——"但真正让我感到不安的是那条狗"。

接下来求助者会生动地讲述那条狗如何不停地哀号,或者它最近咬坏了什么东西。都是一些和其他事相比微乎其微、无足轻重的事情,但这就是求助者所关心的事情。

援助热线内部将这种情况称为"那条狗怎么办"。

同样，当新冠肺炎疫情大爆发时，人们开始恐慌地囤积物品，拼命地买所有能想到的东西，比如卫生纸。

我的丈夫盯着空荡荡的超市发呆，一脸难以置信。

虽然这件事听起来很奇怪，但也许并不是那么不可理解。

当我们被一些几乎无法控制的事情压倒在地时，就会努力寻找一些我们可以控制的事情，寻找那些我们可以真正做点什么的事情。面对无法预知的未来，以及颇为魔幻的现在，我们会去寻找自己所熟知的东西。我们围着一些可笑的、无关紧要的事情打转，因为这些事情给了我们一种有确定感的安慰。

我不知道如何保证自己或家人的安全。我无法控制孩子的学校或老板的决定，但我可以囤积卫生纸和面条。这些事我还是可以做的。

当然，正是这种恐慌性购物让卫生纸真的在美国出现了全国性短缺。这就是恐慌具备的影响力。

某个人的忙碌会让周围的人质疑自己是否不够努力；我们听到有人说"我必须……"，就会想"也许我也应该如此"。这样的事情数不胜数。

我很好奇，在人类的本能中是否有一些特质会让我们对控制的假象抓住不放，特别是当我们面对某些压倒性的、不受控的事情时。

我们打扫房子；我们研究橄榄油的健康特性；我们在洗衣

服时和家人发生争执,却不去面对家庭关系的异常问题。

我们查看电子邮件;我们同意开一场会议;我们承担新的项目;我们忙碌异常,以至于无法面对真正重要的工作——那些让我们感到恐惧的工作。

我们喝酒、吃饭、购物、消费;我们固执己见,也帮助他人;我们寻找需要解决的问题。

面对不受控的事情,你选择了什么样的替代性解决方案?对你来说可能不是买卫生纸,而是其他事情。

我家的零食吃完了,但超市送货仍然遥遥无期。我觉得,对孩子来说,暂时有一段时间不吃垃圾食品也许并不是一件坏事。而我丈夫对这件事的直接反应是,立刻从一家售卖糖果和零食的折扣店订购了一大批垃圾食品!他并不是要反对我的想法(虽然我当时的感觉是这样的),而是讨厌那种被限制、被剥夺选择权的感觉。

几年前,我父亲长了脑动脉瘤,恢复健康之后,他的驾驶执照被吊销,他感觉自己被困在家里了。他和我母亲大吵一架,因为他坚持认为潜水对他来说没什么危险。

当我们感到失去控制时,我们体内一些与生俱来的东西就会表现出来。当我们觉得自己不能拥有某些东西时,我们就会更加渴望得到它。更准确地说,我们想要的是那种控制感,那种自我效能感,那种可以掌控命运的感觉。

面对没有人知道答案的宏大问题，我们会寻找那些我们可以作答的小问题来替代。

这个问题和狗没有关系，和卫生纸也没有关系，而与我们面对未知和不可控时的不适感有关系。

第二部分

# 更加勇敢：
# 相信这个过程

*PART 2*

如果我们不再害怕奋力挣扎,
不再认为它是一个错误的弯路,
或者要避开的陷阱,
又会怎么样?
我们知道自己正处在创造奇迹的地方,
我们相信这个过程。
我们发现了安全区之外的东西。
这才是挣脱困境的更勇敢的方式。

## 当我们迷失时

### 我们所知的世界末日

关于我们所知道的一切，我们将它们与能力、信心和专业素养紧密地联系在一起。

我们求教于老师，因为我们想知道他们所知道的事情。

我们追随领导者，因为我们相信他们知道要朝什么方向迈进。

我们把工作交给那些知道该怎么做的人。

我们相信，我们的价值、专业素养、专业知识存在于我们的所知当中。

我们的所知常被用来衡量我们的价值。我们也乐于贡献一己之力。

那么，当某些事情我们不了解、不知道的时候，会发生什么？

当前方的道路无法预料、无人涉足、未经探索时，又会发生什么？

当某些事情我们不了解、不知道的时候，我们会告诉自己，一定是出了可怕的问题。我们成为冒名顶替者，等着被人揭穿；我们害怕寻求帮助，因为我们觉得自己应该知道要怎么做；我们因让别人失望而感到内疚，因为这些人坚信我们知道该怎么做。

在这些情况中，我们无所适从。我们没有安全感，觉得自己无法担此重任。

然而……

当我们的工作是去发现、创建、创造和发展时，那些超越我们的认知的未知的领域，肯定就是工作内容的一部分，不是吗？

当我们的目标是学习时，肯定不是我们的已知在满足我们的好奇心，并发出"这里有你要寻找的宝藏"的信号，不是吗？

你忐忑不安——如果这是一个好兆头呢？如果这是通往兴奋而非恐惧的一次邀约，是冒险而非凶兆的开始，会怎么样呢？

事实上，只有当我们对某些事情不知道、不了解时，我们才最有可能去寻觅、倾听、探索和学习。只有当我们不再依赖我们的所知时，才会对可能性的、新的和令人惊奇的事物保持开放的心态。

在某种程度上，我们把确定性误认为自信。我们学会了把不知道、不了解看作我们力所不及、无法应对的标志。

我们认为我们的所知使我们有了资格，并让我们有了安全感，但它也使我们停滞不前。

没有不知道、不了解，好奇心、创造力和变化就无法存在。

哪种人更有能力？是那些从未在逆境中抗争过的人，还是那些知道如何更好地应对逆境、如何抗争的人？或者是那些以脆弱和勇气，以及乐于学习、跌倒或搞砸之后爬起来继续正视问题的态度面对逆境并勇于抗争的人？

专业精英应该了解自己不知道什么；医护人员中，最可怕的是那些认为自己无所不知的人。

沉着自信的司机能够认识到其他司机和道路状况具备不可预测性，而危险的司机则认为自己能够掌控一切。

我们害怕展示自己的无知，因为我们不想让别人失望，在这些时刻，真实的情况是什么样的呢？事实证明，承认我们的无知恰恰可以建立信任，正如布琳·布朗（Brené Brown）在关于"领导力中的勇气和脆弱性"的研究中所发现的那样：

> 我们询问了一千个领导者……你的团队成员做什么事情能赢得你的信任？最普遍的答案是：请求帮助。而对于那些不习惯求助的人，这些领导者表示，他们不会把重要的工作交给这样的人，因为他们不相信这些人在遇到问题时会举手求助——原来如此！

事实是，我们都处在未知领域的边缘。我们生活在一个变化的时代，不确定性是种新常态，而我们周围需要的人——我们需要成为的人——正是那些愿意踏出已知的安全区，弄清楚如何在这个新世界中生活和工作的人。

> 没有不知道、不了解,好奇心、创造力和变化就无法存在。

**进入未知之境**

这里是未知之境,我们似乎从没有来过这里。一旦克服了最初的恐慌,我们就会意识到,实际上我们已经来过这里很多次了。

这里是新事物的起点。

这里是发现之门。

这里是一段旅程的开始。

在这里,你要做新手、学徒、冒险家和先行者。

我们以前也去过新的地方。我们以前也做过新的事情。

我们以前也曾多次站在这个起点上。

我们知道如何做新的事情,因为我们以前做过,做过很多次。

我们生来就是为了学习、发现和探索新事物的。

在我们习惯于自己的所知之前,我们明白不知道、不了解是种什么样的感觉。

即便面对的是前所未有的事物,对于这种情况,我们也有过先例,只要我们记得去回望,就会发现我们对这种时刻毫不陌生。

**新常态**

当接受现实为新常态时,会发生一些有趣的事情。

你不会再等待这一切过去。

你不会再去计划这一切何时结束。

你会直视这一切。

你抬头挺胸。

你起身相迎。

你的问题从"我如何度过这一关"变成了"我如何在这种情况下也能保持良好的状态"。

你想怎样活着？我是说此时此刻，而非等这一切尘埃落定时。

**将未知问题打包整理**

几年前，当我收拾行李准备去度假时，总会从整理衣服开始。我们会在那里待多少天？我们可能会进行什么活动？那里会出现什么样的天气？最后，我至少要为每一天准备一套衣服，然后再准备一些应急物品。这件上衣可以搭配那条裙子，也可以搭配那条长裤；这两身衣服需要搭配不同的鞋子；还要加上一件开衫，防止天气变冷；还要带上防水的衣服，不过还是那句话——要搭配不同的鞋子！

每次我度完假回来的时候，随身行李中都会有一半的衣服是我压根没有穿过的。讽刺的是，我平时在家的时候，也是只穿少数的那几身衣服。但是，对于出远门去一个陌生的地方这件事，我总觉得我需要为每一种可能的情况做好准备。

我觉得我们不仅仅在衣服的问题上会如此行事——我们会用现成的解决办法收拾行李，会根据答案来收拾行李：如果发生这种情况，我就这么做；如果发生那种情况，我还有那个东西。

如果我们根据问题来收拾行李呢？

我在哪里？

我可以看到什么？

什么是安全的？

什么是令人兴奋的？

什么是真实的？

什么是美丽的？

我的恐惧源自哪里？

我的好奇心被什么所吸引？

外面发生了什么？

这里发生了什么？

还可能是什么情况？

如果发生……会怎样？

在这个时期我想成为什么样子？

我需要拿什么给予自己？

# 三个问题

我最喜欢的三个问题,来自我与马丁的谈话,他是教会的牧师。我们的谈话和摩西在燃烧的灌木丛中与神相遇的故事有关。

我很熟悉这个故事。在这个时刻,神呼召摩西,让他去埃及,并让他告诉法老"让我的人民走吧",然后带领人们脱离奴役。

马丁认为,这次相遇的核心是三个问题。

1. 你的立足之处是哪里?

这个问题,问及的既是字面上的意思——答案是"把你脚上的鞋脱下来,因为你所站之处即是圣地",又是处境这一隐喻——你现在身处何境?

当摩西还是个婴儿的时候,曾从法令下的杀婴行动中获救,并被埃及皇室收养。年轻时,他曾目睹自己的人民受到压迫,在一次反击中他杀了一个埃及人。消息传出后,他开始逃命,以为自己会以牧羊人的身份在流亡中度过余生。

作为一个流亡的逃犯,摩西似乎不太可能成为政治领袖,但他的处境在这种身份转换中也很独特,他有着双重身份,他既是被压迫的人,又曾被压迫者抚养成人。他在埃及皇室中长大,学习了埃及人的文化、政治、社会和军事体系及策略。

正是在这种身份转换所带来的处境中,他被神选中,进而对抗法老,带领以色列人摆脱奴役。

你目前所处的现实是什么?你所立足的历史是什么?你现

在的立足之处是哪里？

### 2. 你的土地在哪里？

这是神为摩西所描绘的愿景：从埃及出走，从被压迫中获救，从被奴役中获得自由。还有前往应许之地的旅程，那是一块美好而宽广的土地，一块流淌着牛奶和蜂蜜的土地，一块富足的土地。

你的愿景是什么？你的应许之地在哪里？

### 3. 你的手中有什么？

在这个故事中，答案就是摩西手中的杖——一个普通牧羊人的工具——神用它来行神迹，为那些需要的人（包括摩西）提供证明。

对于我们其他人来说，无论我们是否相信神迹或上帝，这个问题的本质是，你拥有什么？

现在，你所拥有的资源、技能或能力是什么？

你的立足之处是哪里？

你的土地在哪里？

你的手中有什么？

这三个问题中的两个，我们经常会问，或被问到。

当我们只知道我们的立足之处和我们想去往何方时，我们就会看到这两者之间的巨大鸿沟，即所有我们没有的资源、技能和能力，所有我们力所不能及和不够格的地方。

当我们只看到了我们的土地和手中所有，却不承认我们现在的立足之处时，计划便仍然只是计划。全无任何行动，只是等待着条件足够成熟才予以启动。

而当我们知晓我们的立足之处和手中所有，却忘了看向地平线并把目光投向我们的土地时，我们就会继续四处游荡，埋头处理日常琐事。

我们需要同时问这三个问题。那就是我们开始行动的时候。

## 感到迷茫

我们都有过感到迷茫的时候。当你意识到自己不在"应该"在的地方时，你的内心就会涌出这种感觉。当你周围的地方和面孔突然变得陌生；当你失去自己的方向、锚或目的地时。

我小时候曾在中国香港的一个地铁站里坐错了电梯，环顾四周却看不到我的父母时，我感到茫然无措。

当我在小学的最后一年转学时，我在新环境里是个局外人，却发现这里有熟悉的声音和气味，这让人感到迷茫和困惑（是不是所有教室都有相同的气味）。

在大学里，周围都是学业和能力与我很相似的人，我不再是班级里的那个名列前茅的、会在社交时尴尬的女孩，我感到不知所措。

当我不再是以前那个自己的时候，我感到迷茫。当我还是同样的自己时，我也感到迷茫。

事情就是如此有趣。

迷茫令人不安。这就是为什么我们会逃避它。我们把它看作出现问题的一个标志。也许是我们自己出了问题。

迷茫使以色列人渴望昔日在埃及被奴役的状态，因为那是他们熟悉的生活。为了避免迷路，汉赛尔和格莱特先是收集石头，后来收集面包屑，铺设了一条线索，引导他们回到那个被继母暗算、谋害的家。这也许就是那些刑满释放人员会重新犯罪入狱的原因，也是很多人明明讨厌自己的工作却仍然继续在做的原因。

与其遇到不认识的新鬼，不如遇到认识的老鬼。诸如此类，都是这个道理。

### 荒野

荒野在人类的故事中随处可见。

这是以色列人流浪了 40 年的地方。

这是耶稣被诱惑的地方。

几乎所有的英雄和童话故事的某个节点都会在荒野里收尾。

荒野是人们迷失自我后重新找到自己的地方，也是他们寻找自我的地方。

在无人的荒野，我们被剥夺了自己习以为常的舒适感、规则和快乐。当一切都变得陌生时，我们开始注意周围的事物——真正的注意。

这是食物还是毒药？这是栖身之所还是陷阱？

这里让我感觉踏实，还是压力重重？

什么是我所认为的不可或缺之物？没有这些东西的话，我是谁呢？还有比这更基本的问题——"我在哪里？"

当我们迷失方向时，我们就不得不去看、去听。倾听那些喋喋不休的想法、渴望、憧憬，以及我们拼命压制却让我们分神的恐惧。

"这片荒野令人迷茫、失去方向，它就是故意为之。"蕾切尔·赫尔德·埃文斯（Rachel Held Evans）在《灵感》（*Inspired*）中这样写。这是一本讲述"人在信仰的荒野中旅行"的书：

> 正如所有过去或现在的荒野跋涉者会告诉你的那样，荒野以单刀直入、切中要害的方式，把隐藏在你内心深处的恐惧、质疑和挣扎带到表面上来。没有什么比屈服于野性和自然之力更能让你暴露人性本质和固有依赖性的了。在荒野中，你会发现到底是什么成就了你，你的朋友是谁。你会被迫抛开所有非必要的东西，让自己静下来并学会倾听。

在现代生活中，我们攀登高山，追逐海浪，在星空下安营扎寨，只为退隐于山野之中，寻求荒野的自由，自然的广阔。

但随后我们又回归原位，回到上下班、上下学的枯燥而平淡的生活中，回到了习以为常的例行公事中，没有什么变化。

我们已经拥有过一段短暂的奔逃,一个小小的假期。现在,我们又回到了生活的琐碎之中。

真正步入荒野,其实是一种变革性的体验。它是一种际遇,一种对抗;当你从荒野中走出的时候,和从前的你是不一样的。

荒野并不像是那种带有照片的明信片,它看起来更像是会令人心生漆黑的夜晚所带来的恐惧感。你会感觉自己无处可藏;你会怀疑自己是否犯了一个可怕的错误;你会直面自己的局限性和依赖性;你会放弃控制的幻觉。

我们把"退隐于山野"理想化了。我们想到的是孤独、自由和远离一切的感觉,但退隐于山野的重点在于你能够接受刺激和挫折。正如作家伊丽莎白·吉尔伯特(Elizabeth Gilbert)在《去当你想当的任何人吧》(*Big Maggic*)中所写的那样:"挫折不是过程的中断,挫折就是过程。"

受挫时我们最有可能会渴求旧日的常态。但使我们身处荒野的原因通常是:常态是行不通的。

归根结底,我们在荒野中会问的问题是:我是谁?

因为这其实并不是关于荒野的问题。而是关于身处荒野的人的问题。我是谁?是什么样的选择把我带到了这里?如果没有这个选择,我又是谁?下一步我要选择成为谁?

> 感到迷茫吗？请注意。
> 某些事情正在发生。

## 当我们停滞不前时

**停滞**

我看到你坐立不安。

你捡起一件又一件的东西。你点击不同的页面,试图找到一些重点,一些动力。他们说紧要关头很难熬的,但暗地里你认为现在这种状态更难熬。你前途未卜,你漫无目的地游移。

你并没有静下来,你也没有在行动。

你坐立不安,翻来覆去,静止不动,停滞不前。

你想到所有你应该做的事、可以做的事,但那种感觉就像是你在一个不同的地方,处于不同的时间,是不同的你。

给我时间。一部分的你说。我需要时间。

不,时间太多了。另一部分的你这么认为。我已经淹没在时间里了。

我发现,在大海航行的所有危险中,18 世纪的水手们最害怕的是赤道无风带,这一点很让人迷惑。在大西洋的某个赤道地带,你可能会发现自己被困在一个无风的水域。

危险不是汹涌的风暴或险恶的冰层,而是缺乏活动、缺乏行动,是你的前景被困在了虚无中。

虚无是有欺骗性的。

虚无让人感觉泰山压顶。它使人窒息。它使你陷入一种萎靡，一种缓慢的死亡。

我认为追求高效也是如此。

让我们内心感到煎熬的——和不堪重负及危机相比——是低潮期。当我们迷茫时，我们漫无目的、坐立不安。

当日子漫长而没有目标感的时候；当我们从未停止过工作，但也从未取得任何收获的时候。

压力来临的时刻，我们的内心是激动的，因为它令人振奋。而低潮期是不一样的，它是一种缓慢的萎靡期。你会开始担心，如果在萎靡中待得更久一点，你可能永远不会再行动了。

你还会有一种冗长而烦扰的感觉，那是因为世界上的其他地方——除你之外的一切——都正在运行中。在那些地方，有节奏，有目的，有稳定的节拍，一切都在运行。当你越来越落后的时候，一切会渐渐离你远去。

我发现迷茫要比其他所有状态都更难熬。比背水一战的最后期限难熬；比救急、不堪重负、奋起直追或学习不可能的奇技淫巧难熬；比完全关停、放手和放弃一切更难熬。

迷茫以自身无声、缓慢、阴险的入侵方式令人感到疲惫。你越是待在那里什么都不做，你就越会感到疲倦。

在紧迫期，我们有重点和目的，可能还会有恐慌感。你会担心你能否及时完成所有的事情，这些事情是什么并不重要。

赤道无风带将会剥夺我们的力量和目的。我们没有什么能做的，也没有什么想做的。

同时，它也会剥夺我们的休息，我们仍然会忙个不停。有些事情仍然需要处理，所以我们不能完全停手。而任何时候，天气都可能发生变化，我们就需要随时准备好再次扬帆起航。

这就解释了为什么许多人发现生活在疾病肆虐的年代会让人精疲力竭——即使是在没有什么事情发生的日子里。

正如网上一条被疯传的评论所说的那样：

> 生活在流行病大肆横行的时代便意味着我们生活在不断发出噪音的威胁当中。有的时候，这种噪音可能会停下来，变得很安静，这会让你放松下来，觉得一切都很"正常"；而有的时候，它又会咆哮着提醒你，虽然你可能已经受够了，但它丝毫没有善罢甘休的意思。

这个评论者还表示，有一种"熟悉感"，它能安抚我们，让我们认为自己应该"恢复正常"，而当我们再次出现疲劳感时，会觉得"其他人都搞定了，我到底怎么了？我什么时候才能摆脱它呢？"

这种放松是有欺骗性的。没有什么事情发生，而我们却感到不安，这会让我们认为是自己出了问题，而不是外界出了问题。

我们感到无聊，同时也感到紧张。我们觉得有些事情应该发生，却超出了自己的控制范围。

迷茫是一个左右为难的境地。不完全属于这一端，也不完全属于那一端。

它是处在一个项目的某个阶段和下一阶段之间的时刻；在

你刚刚冲上了一座高峰,开始等待的时候;当你点击发送电子邮件、等待回应的时候。

在为人父母的初期,或者在你结束了普通中等教育证书(GCSE)考试后的夏天,在那些日子里,每天都显得特别漫长,但一周一周却又似白驹过隙。然而,总有那么一些时候,我们要做的就是等待。

当看似没有任何事情发生时,也许某些事正在悄然进行,某些东西正在酝酿、发酵、嗡嗡作响并且即将发生质的变化。

正是在这些等待的时间里,烤箱中的面包膨胀起来;婴儿渐渐成长;思想悄悄发芽;真理被认真地内化和吸收。

正是在有限空间里,在那发生转变的地方。在一个世界结束,另一个世界开始的地方,就是创造力诞生的地方。在那里,人际关系也会被加强。

正如我们会在操场、厨房、汽车里和公司的茶水间闲聊,从而和周围的人建立关系一样,也许我们的最佳成就也是在闲聊中获得的,因为我们解除了信念和习惯,并深思熟虑、逐字逐句地卸除了旧的思想体系。你感觉自己毫无进展——也许这正是你需要的呢!

> 有的时候,
> 你要做的就是等待。
>
> 你感觉自己毫无进展——
> 也许这正是你需要的呢!

**当我们放慢脚步时，我们看见**

在陆地上，很多事情在同时发生。在大海上，你的视野很有限。大海、船、天空。想象一下，连续几个月你看到的都是这些东西。你的大脑不再寻求持续的刺激，而变得更适应环境了。那些看起来无聊的东西开始变得有趣。

这段话出自在海上滞留了40天的玛莎之口。

在你眼中原本只是绿色的东西，呈现了许多种不同的绿。你注意到云的形状和海的声音中微妙的差别。

当我们放慢脚步时，会看得更加深入。我们注意到这些细节。我们变得沉浸在生活中，而非活得匆匆忙忙。

但这也意味着我们能感受到更多，且更加深入和生动，更发自肺腑。我们能更深切地感受到伤口的疼痛，并在跌至低谷时有更深重的痛苦和失落。

而这也会带来一种损失。

**甲板之下**

注意力的问题在于你会注意到一切，包括那些你迄今为止一直都成功躲避的东西，"放在甲板之下"的东西。

我的朋友乔茜在回忆录《静止的生活》（*A Still Life*）中

描述了她遭受残疾和慢性疼痛之苦时的那段日子，就像是在"慢车道"上的生活。她在低迷中挖掘并发现了潜伏在宁静表面之下的更深层的真相。她告诉我：

> 当我审视这种感觉时，我发现其中有很多的恐惧，但还有很强烈的自我意识在作祟！我害怕被抛在后面，害怕自己不够特别，为自己的一切不够出众、不能给人留下更深刻的印象而感到尴尬和羞耻，害怕自己变得越来越不显眼，害怕这对我的价值有什么影响，害怕消失，害怕自己不够符合他人期望，害怕和怀疑自己完全走错了路……
>
> 在这种坐立不安的不适感中，有太多的束缚，这往往会指向其粗鄙丑陋的真相，对我的恐惧而言，这种状态就像给我正在行驶的船帆上送了一阵东风，让我越发难熬。"啊，我感觉很糟糕，因为变得特别和闪耀会需要很长的时间，而我此时此刻就想变得与众不同、令人印象深刻。"我似乎应该跳出压力圈，然后抬起头来，向外张望，实际上，这样就会发生一些很小的变化，如果我可以将自我"放在甲板之下"，我就可以去追逐这些变化。是恐惧和怀疑让我停滞不前，而不是生活本身。

我最近在和一群刚刚转行的人一起工作，我注意到一个重复的故事,一个被压倒——被不确定性、未知和"其他所有"需求压倒——的故事,这些故事大同小异。

"我没有时间了。"

我没有时间搞清楚从哪里开始。我没有足够的时间去做每一件事,所以也许最好不要现在就开始。其他所有事情都做完之后,我就没有时间了(当然,我的时间就从来没有够用过)。

我没有时间怀抱着这种不确定性、不适感干坐着——当洗碗机、洗衣机和收件箱的呼唤声突然变得越来越强烈的时候。

这就像是思考本身耗尽了我们所有可用的思维空间、能量和氧气一样,我们没有任何能力来进行任何行动。

因为这种思考不仅仅是逻辑上的——做什么、怎么做,也是情绪上的:如果我不够好怎么办?如果这不是我怎么办?如果真的是这样,应该怎么办?眼下做什么才是正确的?如果我搞错了,又会怎样?

我们围绕着"不够好"(不够快、不够令人印象深刻、不够迎难而上)所产生的包袱,使我们摒弃了原本拥有的可以借力的东风。它吸走了氧气,使我们陷入困境,变得步履沉重。

我们担心没有足够的时间,这种担心本身就消耗了我们所有的时间、思维空间和情感能量,于是,我们双手空空,无法采取行动,也无法取得进展。

我们越是把自己搞得焦头烂额,就越会把可以借力的东风用光,就越会被困在不断叠加的"应该如何却没有"的愧疚和自我怀疑之中。

### 在边缘处幸存

有人说,有一件事能让那些古代的航海员在停航的时期生存下来,那就是做清洁工作。

海员们无法控制天气,他们创造不出风。所以他们会清洁甲板,养护索具。他们通过做他们能做的事情来保持清醒,使船和自身都保持适航的状态,为再次启航做好准备。

在《与狼共奔的女人》(*Women Who Run With The Wolves*)一书中,精神分析学家和创伤压力专家克拉利萨·品卡罗·埃斯蒂斯(Clarissa Pinkola Estés)认为,在一些童话故事中,洗衣服和清扫地板等工作代表着重新开始、复苏和对秩序的关注。

我必须承认,读到这句话时,我感到很愤怒——清洁居然会对女人的灵魂有好处。然而,我确实发现,令我这个21世纪的女权主义者感到沮丧的是,当我被激怒或休息不足时,打扫卫生、扫除灰尘、清除蜘蛛网、叠好衣服、整理房间(用非常短的时间)等活动,都会令我感到心满意足,并会让我逐渐恢复元气。

我发现有些男人也是这样的,这让我很高兴。据喜剧演员罗素·凯恩(Russell Kane)所说,有些男性在见证了自己的孩子出生之后的第一个晚上,也会这么做。他们回到家中,独自度过最后一个孤独的夜晚时都做了什么?除了其他事项之外,他们还整理了一下房间!

照顾和信任。

也许这就是我们发现自己迷茫时需要的东西。

照顾我们自己,照顾我们的工具,照顾我们的空间。让自己保持精力充沛,准备好迎接下一场风云。

给自己一个独立的空间,不要给这个空间施压。

给自己一个独立的空间,感受它的负荷。你要相信这就是你现在要做的事情,而且还有些重要的事情正在发生。

> 给自己一个独立的空间，感受它的负荷。
>
> 你要相信这就是现在你要做的事情。
>
> 某些重要的事情正在发生。

## 让你在工作中喘息的艺术

总有一些梦幻般的时刻,灵感会突然抓住你,创意性的想法大量涌现,你就这样顺利地完成了工作。

在这些转瞬即逝的美好时刻之间,还有许多个小时,我们要经受那些尴尬、痛苦、模糊、卡顿、拖延、纠结的状态,在这样的状态下进行工作。

真正的高效是了解什么时候要工作,什么时候要让自己在工作的间隙得以喘息。

当我们用力过度时,就会榨干这份工作的生命——或者榨干我们自己的生命。

但是,当我们完全不用力的时候,能量就会消散,想法就会漂在空中,无法落在实处。正如伊丽莎白·吉尔伯特在《去当你想当的任何人吧》一书中所说,缪斯会寻找另一位愿意投身于工作的艺术家。

我们的惯例、架构和时间表就像热气球的帆布球囊——球囊会捕捉那些缓缓飞起、转瞬即逝的想法,将它们汇集在一起,加以利用,最终收集到足够多的热气,让热气球上升。这股作用力被启动之后,我们就可以起飞了。

喘息是一种信任的行为。

吸气、呼气、扩展、收缩——重新填充,全力释放。

你要待在那里耐心等待,直到灵光乍现。

你要离开困境,让解决方案在你的潜意识中藏身,直到它准备好出现。

是的,你要尽早开始你的工作,这样你才会有时间等待以上这些变化的发生。

> 真正的高效是了解什么时候要工作，什么时候要让自己在工作的间隙得以喘息。
>
> 喘息是一种信任的行为。

**深度工作**

有的做法很好，有的做法是让人们感觉很好。这两者并不总是相同的。

因此，与了解到某种做法确实很好相比，我们往往会先觉得某种做法看起来很好。

思考、吸收、学习、建设、修复、酝酿、充电、疗愈。

这些看起来似乎都不是很高效的行为，对于把事情做好却是绝对至关重要的。

你担心自己一直埋头深耕，会被人遗忘，被人忽视。

人们在不断前进，而你辛辛苦苦建立的一切，包括你的声誉、你的平台、你的追随者，以及你曾经获得的青睐，可能统统会毁于一旦。

而这一切都会是你的错……

请记住这一点：

你并没有被无视。
你确实在人们面前出现了。
你做的这件事很重要。

世界仍然等在那里。
人们都在前进，你也是一样的。

你的深耕是变革性的工作。

这种工作无法在聚光灯下完成。

不要担心你出现时世界会无动于衷。

你要知道自己将行至何处。

要准备好在属于你的一席之地上大干一番。

带着你所有的荣耀现身。

只要你想，你就可以让世界瞩目，随时随地。

**我们自己制造的漩涡**

有时候，停滞不前看起来并不是陷入困境。

你看上去并不像是被困在了某个地方，而是在哪里都能看到你。

你看起来忙忙碌碌的。

问题需要解决：电子邮件需要回复、思想需要剖析、争论需要进行。

我们陷入自己的思绪当中——过度思考、胡思乱想，甚至变得十分易怒。一条信息就能引发我们的愤怒，然后我们花半天时间来撰写回信；我们还有可能会介入别人的项目，干涉别人的问题，从而避免面对我们自己的问题。

这种情况是带有欺骗性的，因为我们不会直接注意到自己其实停滞不前了。

我们看上去在采取行动，一切似乎都是可控的。我们在努力地让自己显得有所作为。

我们认为自己在解决问题，实际上只是在拖延时间。

我们陷入忙碌的魔咒，我们认为自己在采取行动，实际上却在大张旗鼓地整理计划清单，从而回避我们真正需要做的事情。

这种狂热的忙碌会让你陷入更深的困境，最终导致你一无所获。这是一个我们自己制造的漩涡。

**无谓的抗争**

这场疗愈之旅会涉及你心中的矛盾和挣扎，但它们并不都是有必要的。

让我们适应（但不依赖）不适的感觉。

在为这本书做准备研究时，我和《复原力俱乐部》（*The Resilience Club*）的作者安吉拉·阿姆斯特朗（Angela Armstrong）聊了聊，她谈到了她在培养高绩效领导者方面的工作，以及她在企业中的经历：

> 我们中的某些人已经习惯了与世界对抗的模式，掉入了"生活本就不易"的陷阱，忘了去寻找简单的解决方案。

如果你已经习惯为你所获得的一切而奋斗，你就很容易陷入一种境地,即期望随时都会迎接一场战斗。

请想象一下有人要求你扫干净麦提莎①,我们下面将以此为例。

这正是英国合作社集团(The Cooperative Group)主席、阿斯达(Asda)公司前首席执行官艾伦·莱顿(Allan Leighton)的亲身经历,这件事发生在他早年到玛氏公司完成毕业实习的时候。

以下是他的出版商,兰登书屋商业图书(Random House Business Books)的出版总监奈杰尔·威尔科克森(Nigel Wilcockson)所讲述的故事:

> 他被带到工厂车间,度过了颇为难堪的第一天。有人递给他一把扫帚,然后对他说,好吧,你要扫掉所有从传送带上掉下来的麦提莎……接下来是他一生中最尴尬的三个小时,他在工厂车间里追着这些四处乱滚的麦提莎乱跑一气。然后,车间里的一个老油条走到他面前,不可置信地说:"你该这么干。"然后这个老油条用脚踩在那些麦提莎上,对他说:"你要先把它们踩碎,然后再把它们扫起来。"

有时候,再多的忙碌和喧嚣也未必能让你挣脱当下的困境,

---

① 麦提莎(Maltesers),美国玛氏公司(Mars)的巧克力球品牌。国人所熟知的麦丽素就是模仿麦提莎所制。——编者注

你需要做的是振作起来,坚持到底,度过风暴。有时候,你应该问问自己:"我怎么做才能让这件事变得简单一点?"

"它一定很难"和"它不应该这么难"一样,都是有局限性的。

## 当我们错判时

### 该死,我搞错了

"我搞错了"这句话总会出现在你的脑海中,可你又很难说出口,更不用提大声说出来了。但是,发现自己犯错是一个不断出现的问题。

在探索新领域的过程中,存在那么多的未知。

在挑战结构性种族主义的过程中,存在那么多的扬弃。

对我来说,养育一名青少年的过程也是如此。

2020年春天,英国实行了全国宵禁,在大部分宵禁时间里,我都会这么总结孩子们的情况:"是的,他们都很好,正在努力完成他们的学业;她有点无聊;他正在拥抱青少年的生活。"

十周后,我儿子的学校开始传来消息。事实证明,他的情况并非像我想的那样进展顺利。校方发给他的消息是这样的:

自从校园关停后,我们就没有收到过你的消息。

你的学业怎么样了?

在那一刻,我被真相击中了。在我以为一切都很好的时候,我突然发现,真相显然和我想的不一样。

我开始从内心否认这件事:这不可能是真的吧。一定是校方的信息软件在技术方面出现了问题。

我心怀愤怒和责备:他怎么什么都不说呢?学校为什么不早一点发信息?为什么我没有早点发现这个问题?为什么我没有对他的学习生活参与得更多一些?

我感到羞愧和内疚:我是多么的愚蠢,以为我可以让他对自己的学业负责。我教给别人的正是这些东西啊!我怎么能让事情变得如此糟糕?我应该对他的情况了解得更清楚一些。

我感到悲痛:我可怜的孩子。面对困难,他独自一人苦苦挣扎了多少次啊。他一定感到无比困惑、迷茫、低落和不知所措。

我感到恐慌:还会有什么问题?真相到底有多糟糕?

想把教育这件事做好,总会让我们感觉压力重重。

因为教育的风险很高。对于家庭来说,这是最重要的工作。

然而,在教育的很多方面都是没有"正确"一说的,完美是不存在的。不存在路径,也不存在目标,更不存在明确的"我搞定了"。

所以，我们当然会在教育上出错了。你觉得自己不会出错？这是多么荒谬的想法啊。

那为什么当我们犯错时，依然会觉得很难接受呢？

在教育的过程中，我们会告诉自己，我们要做的就是让一切都变得井然有序。我们要作出正确的决定，我们没有失败的余地。

而当我们将身份认同与结果完全绑定时，我们下的赌注就更大了。

"我弄错了"意味着"我是错的"，意味着"我是个失败的家长"。

这就是为什么在教育上犯错对我们的打击更加沉重。

为了避免我们的身份受到威胁，我们会作出意想不到的举动。

我为自我立场辩护的冲动是多么的强烈！我指责学校，指责我的儿子，指责我的丈夫，指责信息技术（我仍然不相信它是完全无辜的）。

我们还有可能会转向另一个极端。我会告诉自己：为一个14岁的少年赋予这么多的自由——这种想法是多么的荒谬。然后我会强制执行军事化管理模式，对他生活的每一分钟都进行微观管理，关注他的一举一动，并认为这样是有必要的，因为反其道而行之是不起作用的。

我还有可能会直接崩溃，接着放弃我的价值观、我的信仰和我的判断，直到完全不再相信自己。因为，在教育这方面，我显然没有什么更好的办法了。

更糟糕的是，以前我几乎是在吹嘘自己如何拒绝了"家庭学校"这种东西，因为我从前一直坚持这个观点——孩子的学业任务是他们自己的，不是我的。这样一来，你也不会发现我会为自己记不住勾股定理而惊慌失措了。①

一个母亲，突然发现自己的教育观点刚刚被证明是错的——没有比这更痛苦的事了。

**我是错的**

许多人都会因为出错而挣扎，因为我们把出错看成了"我是错的"。

我们从"我弄错了"偏离到了"我是错的"上。

"我有错"和"我做错了"说的是我们的行动、思想和行为，这些错误都是可以改变的。

而"我是错的"否定的是我们本身，我们甚至会感觉这是个永久性的标签。

也许这就是为什么许多人对被称为种族主义者而感到畏惧。

曾有一位政府部长顽固地争辩说，如果一个政府的党魁受委托完成了一份关于政府内部机构性种族主义的报告，这个政府就不可能是种族主义性的政府，因为他们受委托完成了这份报告，尽管这份报告本身对其是否具备种族主义性已经有了结论。

---

① 不过这并没有避免让我在一个周五的下午陷入困境，当时我试图解答一道题——我11岁孩子的数学挑战赛中涉及三角形的第9题。

我见过有爱心、有社区意识的基督徒朋友为自己宣扬"所有生命都是生命"而辩护，他们认为这是一个充满爱和包容的短语，他们就是这样想的。他们还认为，只有当你选择以挑剌的方式去看待这句话的时候，这句话才会是有问题的。

有人曾为他的种族微歧视行为（他是针对我的）而辩护，他坚持认为我是自作多情、断章取义，并拒绝承认他的行为给我带来了伤害，因为他不是故意的。

我从这些人的辩护中听到的是，他们拒绝接受自己做了（或是正在做）错事的可能性，因为他们认为自己是个好人。

这些人感受到了认知失调（cognitive dissonance）的痛苦。当我们的态度和行为发生冲突时，我们所感受到的心理不适就叫作认知失调。在前文中，当我们的身份与行动发生冲突时，就产生了认知失调。

他们混淆了自己的错误和自己的身份。他们的大脑进入飞速运转的状态，以求捍卫自己的身份。

可悲的是，当我们敢于正视这种失调时，我们的身份便不会被击破，但我们的行为却可以发生改变——这还会让我们的行为更加真切地与我们的身份保持一致。

一个负责任的组织会正视自己的缺点，并消除自身结构性的不平等；一个有爱心的人会改变他的言语，使之表达出同情而不是伤害；一个真正的好朋友会为自己造成的伤害道歉，尤其是自己无意如此的时候。

我有一个朋友，她的孩子比我的孩子大一些。她告诉我，好的父母是有对有错的，当然，这让我想起了我自己的口头禅：我在大部分时间里都会做一个足够好的妈妈，并会间歇性地陷入荣耀和绝望的循环之中。

一个好的领导者也是如此。

你不是问题所在，你只是有一个问题需要解决。

你本人并没有什么错，你只是有件事情做错了。

你不是一个失败者，你只是在某件事上失败了。

也许你并不是一个种族主义者，只是某些种族偏见侵入了你的内心。

我们不能混淆我们的错误和我们的身份。

当我们成长的时候；当我们探索未知的领域时；当我们把旧的模式抛之脑后时；当我们改写过去时；当我们以真实的内心示人时，让我们努力了解什么是正确和错误，不要因为害怕出错而无所作为或固执己见，不要因为做错了某件事而一蹶不振，以至于把一切错误都归咎于自己。

害怕出错会导致沉默和偏执两个极端：要么太害怕做错，所以干脆什么都不做；要么过于害怕"我是错的"，以至于直接抹杀了"我会犯错"的可能性，把任何与自己意见相左的人都拒之门外。

这两个极端都是自我在发声。

这个时候，你就需要带着同情心、认同感和良好的幽默感对自己说："亲爱的，你要克服的正是你自己。"

**超越对与错**

我们甚至应该重新思考我们对正确和错误这两个词的使用情况。

正确和错误是我们看待世界的基本方式,就如同好与坏、对与错、奖励与惩罚、胡萝卜与大棒槌。

在我女儿还小的时候,她看电影时首先会问一个问题:谁是好人?谁是坏人?

但对与错有它们的局限性。

在一个组织当中,我们常常将偏差视为错误,而不是创新的开始。

在教育的过程中,我们对自己步步紧逼,试图保持正确。

在社会上,拒绝承认错误恰恰是一个人偏执的原因。

在拖延行为中,对"我是错的"的恐惧是我们不能正确行事的最重要原因之一。

因为我们就是不想让自己陷入那种境地。

我不想出错。

我需要证明为什么这样做是对的。

无论是在学术成果、商业决策方面,还是道德判断中,我们都可以去寻找正确和错误之处。

没有人会承认"我是错的",因为我们都倾向于认为自己是对的。

但对错之说是如此的单一,它没有留给我们多余的辞藻,以描述新的变化和不同的事物。

而在道德争论中,我们对坚持是非的渴求,往往意味着我们缺乏倾听。简单的对错之说将理解、同理心、关切、再次校准和想象力纷纷挤兑出局。

只要我们坚持寻找对与错,就不会去寻找新的东西和不同之处。我们寻找的只是符合自己观念的东西,并会丢弃不符合自己观念的东西。

只要我们坚持"我是正确的"这种想法,就做不到真正的倾听。我们渴望被他人接受;我们欢迎那些认同我们的声音,拒绝那些反对我们的声音。

只要我们必须是正确的,我们就会用指责来转移注意力,或者沉浸在羞愧之中。

如果我们永远不愿意出错,那就一定会犯错。

当我们放下对正确的执念,哪怕只有一瞬间,我们就会放开心态——去好奇、去理解、去共情、去发现。

去想象和重构。

当我们不再执着于对正确的渴求,世界将变得更加丰富多彩。

### 更勇敢的对话

我们的对话要超越孰是孰非。

我们的对话要超越对错。

我们要进行创造的对话，合作的对话，建立信任和理解的对话，重新构想一个新未来的对话。

我们正朝着什么方向迈进？我们选择向哪里前行？

这些对话要求我们超越是非对错。

商业心理学家海伦·弗雷温（Helen Frewin）在教授"诚实的对话和反馈"课程时提供了一些针对对话的建设性句型，这些句型如下：

"愿闻其详。"

"请您不吝赐教。"

当有人说了一些让我感觉无语的话，或是会引发我强烈反应（敌对、防御心、被伤害、被冒犯或者"怎么回事"）的话时，这些句型就是我让对话继续的首选。

我并不总能记得使用这些句型，但当我说了这些话的时候，得到的结果从来没有让我后悔过。有时候，这些结果会让我看到我原本的结论其实是不准确的；有时候，这会帮助对方澄清他们的真实意思；有时候，这会证明我们有不同的思考角度，我们还能借此找到彼此的共同点，或者至少会尊重对方的立场。这个方法一直都会让我们觉得自己是在被倾听的。

**对你来说，这件事的重点是什么？**

最近，我在一门婚姻课程中学到了用这句话向我丈夫提问。我和他一起经历了近18年的婚姻生活，我们都对这句话能给我们的对话带来如此大的改变而惊讶万分。

有一次，我们正在谈论度假的事情，我丈夫因为不能直接作出决定以及顺利预订机票而失去了耐心。上次我们谈及这件事时，他提出了一个方案，但我对航班时间不是很满意，当我们进一步探讨时，之前的促销活动已没了，机票价格已经涨回去了。他觉得自己束手无策，我觉得我的意见被无视，我们的对话就像一场对控制权的争夺。

"对你来说，这件事的重点是什么？"我们问对方。

我们发现，对我丈夫来说，度假的重点是要有冒险的感觉，要有自行决定的余地，还要让消费物有所值；对我来说，度假的重点是休息——到达目的地后，我准备享受的是休息和放松，而不是准备崩溃（我们的免疫系统被击溃时，崩溃会让身体酝酿一场感冒）。通过互相提问，我们的这些诉求看起来不再是对立的了。它们只是被打散的拼图，可以被重新拼在一起。我们可以一起搞定。

在对话中保持开放的心态，而非闭口不谈，这才是更勇敢的对话。要敞开心扉去理解、去认同，把对方看作同胞而非敌人或对手。

抛开诸多自我因素，以客观的态度对待一件事，能够使我们的立场和位置更加合理。我们越是与他人保持距离，就越容易将自己的想法合理化，对方也就越容易这么做。

我们越是进一步了解某个人，我们就越会认同他。这可能会使我们失去确定性，失去那清晰而单一的正义感，但这会给予我们更强大的力量。

有一个人对此深表认同,那就是纳尔逊·罗利赫拉赫拉·曼德拉(Nelson Rolihlahla Mandela)。

我在鲁特格尔·布雷格曼(Rutger Bregman)的《人类的善意》(*Humankind*)一书中读到了曼德拉与康斯坦德·维尔容(Constand Viljoen)的一次对话。康斯坦德是曼德拉的劲敌,也是当时在进行战争动员的一位军事英雄。他们针锋相对。

"他问我要不要喝茶,"康斯坦德在事发多年后回忆道,"我说好的,他就给我倒了茶。然后他问我要不要加牛奶。我说好的,他就给我倒了牛奶。然后他问我要不要在茶里加糖。我说我要加糖,他就给我加了糖,我所要做的就是搅拌一下!"

在这场对话中,曼德拉显然已经努力地对阿非利卡人的历史和文化做了一定的了解,他把一百年前维尔乔恩家族从英国人手中争取自由的抗争与他自己反对种族隔离的斗争相提并论,让康斯坦德颇为惊艳。后来的历史学家们指出,最重要的是,曼德拉是用这位军人的语言和他进行交谈的。"将军,"他用南非语对康斯坦德说,"如果我们开战,可能不会有赢家。"

康斯坦德点点头,回应道:"是的,可能不会有赢家。"

这第一次会面开启了康斯坦德·维尔容和曼德拉之间长达四个月的秘密会谈……最后,这位前将军被说服了，他放下武器，与他的政党一起参加选举。

曼德拉对他人的理解并不仅仅是为了操纵对手而采取的策略，他对他人的理解非常深刻。正如布雷格曼谈及曼德拉被监禁时所言：

> 曼德拉试图让他的狱友们看到，他们的看守也是人。只不过他们被这个系统毒害了。多年以后，曼德拉也是这样看待康斯坦德·维尔容的：他是一个诚实、忠诚和勇敢的人，他会用自己的生命为他所信仰的政权而奋斗。

> 当我们不再执着于对正确的渴求时,世界会变得更加丰富多彩。

## 当我们精疲力竭时

### 事成之后的清晨

在史诗般的电影和关于荣耀的故事中,往往不会呈现事成之后的清晨。当肾上腺素和荣誉感消退后,取而代之的是疼痛、痛苦和疲惫。

凯旋的战士如今行动不便,试图避开盔甲摩擦和延迟性肌肉酸痛导致的痛楚。

马拉松运动员现在脚踝肿胀、步履维艰,连蹒跚学步的孩子和推婴儿车的人都能轻松超过他。

当你疼痛难忍和行动不便的时候,你会感觉索然无味、疲惫不堪。当肾上腺素离开了你的身体系统,你只需要躺下来,或者好好哭一场。

在事成之后的清晨,当胜利的荣耀和魅力褪去后,留下的感受会让我们措手不及。

我的客户萨拉感觉生活索然无味,却说不清是为什么。

毕竟,和上周她所经历的情绪过山车相比,她这周的生活相对平静。但是,当我们开始谈论发生的一切时,我们意识到她经历了一段相当严重的创伤期。

而这种索然无味就是创伤遗留给她的感受。

最艰难的事情已经完成,危险已经过去,胜利已经取得。

这时,我们身体和大脑的其他功能又开始发挥作用,我们才开始让自己对刚刚所经历的一切进行全然的感受和接纳。这时,肾上腺素会消失殆尽,痛苦随即出现。

有趣的是,肾上腺素的功能之一是消减我们感受疼痛的能力,因为疼痛的主要功能是告诉我们要停下来。而当我们处于战斗或逃跑状态时,我们最不能做的事情就是停下来。

只有当我们到达安全地带时,才能停下来。这时,所有痛苦就会紧紧追上。

这时我们就会经历"失望效应"(let-down effect),即"一种人们会在压力消散之后而非压力集中的时期患上疾病或出现慢性病发作的模式"。这也解释了为什么这么多人会在度假的时候生病。

所以,如果你感觉很糟糕,你的感觉并不是在说你现在到底在经历什么,而是在说你之前曾经历了什么。

此时此刻,没有什么需要处理的问题。你需要承认的是你之前经历的事情。

你感觉很糟,这不是因为你正在经历糟糕的事情,而是因为你已经扛过来了。

我发现,抗争过后,心里也会留下某些类似的感觉。

有一次,我在十天时间里完成了八期课程,睡了十张不同的床,再加上看好的房子被别人高价抢购、突然需要去一趟制服店等一系列突发事件,我的承受能力几乎达到极限,我当时感觉极度疲惫。但我没有料到的是,这种疲惫感持续了那么久。

如果我们全力以赴、全速前进,那我们就需要在适当的时候进行休息和恢复,这是合情合理的。但我们往往看不到这一点。我们会认为艰苦的工作已经完成,现在只剩下简单的事情了。

我的朋友乔茜发现,在度过相当快乐的一天之后,第二天她会出现失落感。她患有自主神经症,这意味着她身体的某些部位不能实现正常功能,她对事物的感觉也比常人更敏锐。借用格伦农·道尔·梅尔顿(Glennon Doyle Melton)的话说,她是我们"矿井中的金丝雀"。就许多方面来说,她能敏锐地注意到表面之下的事情。如果乔茜度过了美好的一天——这一天她很兴奋,听到了大新闻,或是收到了一个惊喜——第二天她就需要躺上一阵子。

也许这与孩子在过生日那天终于得到渴望已久的小宠物狗时哭得稀里哗啦并无不同。

这种过度紧张之后的摇摆不定也是挣脱内心困境的一部分。我们要知道这是正常的,不要以"认为自己应该有某种感受"为由苛责自己,要给自己更多的空间进行恢复,让我们的身体逐渐从刚刚发生的事情中反应过来。这对我们有所裨益。

## 不同步

我曾在某个地方读到,我们大脑的情绪加工过程比我们的心理过程要慢得多。请试着做下面这个实验:

请你想象一条鱼,再请你想象一只大象,然后想象一杯茶，接着想象一座钟楼，最后想象一根黄瓜。

现在，请想象一下兴奋的感觉，然后请你想象尴尬的感觉，再请你想象悲痛的感觉，最后想象感激的情绪。

后者在转换时需要更长的时间，不是吗？

在我的工作中，我经常用"认知负荷"来描述日常生活和工作所涉及的心理过程的体量。我们要做无数的事情，还需要针对这些事情作出无数的决定，二者还会带来无数需要处理的信息。这一切都有着足以压垮人的体量。

但是那些情感上的负荷呢？当我们对某人心寒时的失望；当我们感到自身不足时的内疚和羞愧；当我们不理解某人的行为时的困惑或沮丧；当一段关系或一个季节结束时我们所感受到的悲伤。

如今，很多人在工作中几乎没有喘息的时间和空间，更不用说充分处理那些情绪了。我们生活得匆匆忙忙，专注于需要做的那些事情上，从不曾正视我们内心的感受。

我在想，这可能就是很少有人真正休息的原因之一。因为当我们休息时，就是这些情绪追上我们的时候。我们企图摆脱这些情绪的海啸，孜孜不倦。

当我们放弃调整节奏、放弃思考、放弃修复和巩固关系——关于交易和决定、战略和系统、人和问题——我们就会正视自己的感受，以及这些感受给我们的启示。

**并不总会那么美好**

我们很少进行自我关照,因为自我关照并不都意味着你会惬意地泡温泉和喝奶昔。

我们很少休息,因为休息并不总是那么美好。

在休息时,我们可能会转身看向身边的人,或者那些我们想成为的人,然后想,我不确定是否喜欢这样的自己。

休息正是我们面对认知失调的好时机。当我们没有成为自己想要成为的人时;当我们选择"正确"而非关系,选择聪明而非具有同情心时;当我们生气或吼叫时——因为一切问题都与我们自己有关,而与他人无关;当我们并没有聚焦于自己的伤痛而是在别人身上追根溯源时;当我们不知不觉间成了糟糕的朋友、同事、老板或合作伙伴时,我们都需要休息。

休息是一种心存信任的行为。这不是一种平静的、微笑的信任,而是一种让人不安、让人紧张、让人抱怨"真见鬼,又来了"的信任。

休息让人恐惧。

**为什么休息会让人恐惧**

你有没有发现,自己有时会这样想:我不确定我还想不想做这件事。

当一切都让你感觉很艰难或者很乏味时;当工作失去了色

彩，或者你失去了自己独有的魅力时。你发现自己在想，我到底在这里干什么呢？

当这种情况只是偶尔发生时，我们称之为突发事件；当这种情况变得来势汹汹且毫无转机时，我们称之为崩溃。我知道人们会被这种情况压倒在地。

但是，如果正确答案不是采取回避，而是学会拥抱这种绝境呢？

你看，当事情变得困难时，我们的本能是抓得更紧——让方法奏效，让灵感出现，让我们冲出迷雾。

但是，如果反其道而行之其实才是我们所需呢？

放手吧。放下吧。一走了之吧。

罗伯·贝尔（Rob Bell）就做了这样的事情，正如他在播客《每六个月会发生什么》（*What Happens Every Six Months*）中所描述的那样：

> 我对我所做的事情如此不感兴趣。我毫无精神、毫无活力。我的灵感都枯竭了……我真的不想说话，也没什么可说的。也许这一切全完了吧！

罗伯没有忽视这种感觉，也没有试图推开它。他决定跟上这种感觉，看看自己会被引到何方。

他让自己顺其自然。停止创作，停止产出，离开这一切。

有没有人觉得这样做很可怕？不会只是我有这种感觉吧？

我想，我们发现自己很难真正放松、很难完全不去想这一切的原因是：我们害怕，如果放手就会失去这一切，或者失去自己。

如果一切崩溃了该怎么办？或者出现了更糟糕的情况：一切没有分崩离析，但显而易见，我根本就是个多余的人！

机会、信誉、团队、动力——我辛辛苦苦建立的一切。如果我因为把目光移开而失去了这一切，那我该怎么办？

如果我根本不想回到原位了怎么办？如果我失去我的优势和我的影响力，以及我的光环，该怎么办？如果我再也回不到原位了，又该怎么办？

想要避开这种恐惧，我们只能不那样做。

但如果那样做，我们会发现不同的视角。

罗伯会看着他所做的一切，说："等等，这就是我做的事吗？这真是奇怪的行事方式！"

有时我们会把我们自己和所做的事看得太重了。如果能够退后一步，以惊叹、好奇或单纯的"这到底是什么"之类的态度来看待我们所做的事，我们就有机会重新审视它们，以新的角度看待它们。

我们会与那些我们无法控制的东西和平共处。正如罗伯所言：

> 当你把手从方向盘上拿开时，你会被迫接受一个事实，即你一直在试图控制那些事，但都失败了。

我曾亲眼见过工作坊的同事身上发生过这种情况，他们因为别人的行为而倍感压力，以至于注意力受到了影响，严重到他们会拒绝利用工作坊来关注自己的工作量、习惯和决定的地步，而这些恰恰是真正会对他们有所帮助，且受他们所控的事情。之所以发生这种情况，是因为他们紧紧抓住别人做了或者没有去做的事情不放。

罗伯称之为握得太紧导致的内耗。当我们一直试图控制、操纵或强迫某些事情到位但一直不能如愿时，就会形成一个有毒的、令人沮丧的循环。

而这并不总是因为我们明确地想要控制他人所导致的。在我们太过在乎、对某些事情抓得太紧的时候，这种情况也会发生。问题是，对这些心心念念的事情，我们不可能一直都保持关心。我们只能有这么多关心，然后就需要休息一下。我们需要一个释放压力的出口。

我们找回了自己原本的状态。

一段时间后的某一天，罗伯偶然间有了一个灵感。他想："哦，这真有意思！"这个灵感让他想到了某些事情，随即又联系上另外一些事情，就这样，一个灵感激发了另一个灵感。正如罗伯所说："突然间，我发现自己在行动了，我重新进入了状态"。

我们不会永远顺其自然。我们找回了自己原本的状态，并有了更多的活力和热情。

休息会用一种有趣的方式让我们蜕去旧的自我，重塑精神。

当你所做的事情开始让你失去优势或光芒时，你的答案也许就应该是一走了之。你要相信暂时迷茫一阵子是没什么关系的，而且你要知道，你不会永远迷茫。

也许这是因为，你走到哪里，心就在哪里。

你的变化就是你在一路行走的过程中逐渐卸下了包袱——控制欲、自我、急于证明自己的心态、责任感和对成功的期待——那些并不属于你的东西，那些你一直紧握不放的东西。

你重新找到了自己。

你的魅力，你的光芒，你的优势，你的想象力，以及你的同理心。

让我们面对现实吧。当我们抓住一切，且抓得太紧、太久时，我们反而会失去这些我们想要的东西。同时我们会越来越缺乏想象力、同理心和该有的活力。

有时你必须一走了之，才能发现你真正怀念的是什么。

有时你必须放开控制，才能意识到你真正拥有什么样的力量。

"

有时你必须一走了之，才能发现你真正怀念的是什么。

有时你必须放开控制，才能意识到你真正拥有什么样的力量。

"

**阶段和周期**

科学技术可以昼夜不停地更新迭代，人类却不能这样。

对任何有生命的东西来说，看到一条平平的直线通常都不是一个好兆头。

曾几何时，我们的生活是跟随大自然的节奏的：太阳落山意味着忙碌的一天结束了；农业生活中，冬天通常是休耕的季节。不管是开始、结束还是暂停，都是自然规律在指导着我们的工作。

科技的发展使得我们能够随时随地进行工作，但同时，它也剥夺了让我们得以休息和思考的自然停顿和自然节奏。科学也许已经从技术上解决了昼夜对人类工作的限制，以及交流滞后的问题，但人类对节奏的需求依然存在。

也许，我们以为对我们造成了阻碍的那些限制，恰恰才真正让我们团结在一起。

当我们只有工作而没有了休息时，我们的判断力就会随着负责决策的神变得疲劳而变弱。当我们延长白天的时间并牺牲我们的睡眠时，我们的认知缺陷几乎可以与醉鬼媲美。

在工作日，我们的能量和注意力水平一直在波动，但我们总期望我们的产出在整个过程中能够保持不变。日复一日、月复一月、年复一年，我们习惯于做完一件事便赶去做另一件事，追逐着永无尽头的工作，很少有停顿、反思或重新调整的时候。

现在，是时候让我们的节奏回归到自然规律的周期性本质上来了。我们要有意识地控制什么时候暂停、什么时候结束。

我们需要那些小憩,那些休假,那些假日。

我的同事格雷厄姆·阿尔科特(Graham Allcott)将他一天的时间划分为三大块,他称之为 3C:创造(Create)、合作(Collaborate)和休闲(Chill)。一般来说,早上是他的创作时间,在这段时间里,他可以不受干扰地进行最高质量的思考。下午则专门用来开会和讨论合作的问题——主要是支持他人的工作。晚上则是他的休闲时间,一段放下手中的一切、给自己充电的时间。

有一年,我的时间安排得特别密集,包括旅行、工作坊的事务和图书宣传活动。那一年快结束的时候,我拿起音乐家阿曼达·帕尔默(Amanda Palmer)的书《询问的艺术》(*Art of Asking*),她在书中描述了创作周期的三个方面:收集、连接和分享。收集指的是你要收集你的素材,你的创作用具,以及你的想法;连接指的是你要把这些点——比喻中或字面意思上的点——连接起来从而创造新的东西;分享指的是你要让世界上的更多人知道你创作出的东西。

我是一个天生的分享者,我的很多工作(演讲、辅导、培训)都是分享性的。写作是我的主要连接工具。是的,写完文章后点击发布,这个举动也是分享的一种,而写作的行为能够把我的想法汇聚到一起。我意识到,我的一切都被分享出去了。尽管我很喜欢这样做,但我没有更多、更新的东西可以给予他人了——那么我此时需要做的就是去收集。阅读,倾听,学习,收集不同的素材以供处理。

公司会经历初创、增长、扩张和整合的阶段。如同农业有耕种、播种、照料、收割和休息的季节，我们也有我们的个人季节。

在一个发生变化或重新开始的季节，你可能需要额外的空间来应对无数琐碎的决定。或者，如果你目前正处于巩固、安顿和深耕的季节，那么，不推出"新"的东西也完全没有关系。

我们从来都不是为同时做所有事而生的。因此，请不要再将耕作和收割、土地休耕和田地歉收混淆了。

**高效或低效**

当我们聊到农场时，让我们来聊聊小麦，具体来说是聊聊面包。

我的一个朋友贝克斯痴迷于制作面包。她在莱斯特（Leicester）经营着一家小小的面包店，名叫"时刻准备烘焙坊"（Ear To Ground Bakehouse）。如果你住在莱斯特，我强烈建议你试试这家店的面包配送服务。

我上次拜访贝克斯时，她向我介绍了面包制作工艺的工业化。我一直以为工业化只是意味着，面包是在工厂里制作而不是手工制作的，听了她的介绍我发现，其实远不止如此。

首先，在农业种植中，我们将传统的耕作方法和作物换成了大规模集约化种植。土地上的树木、树篱和灌木被清除，以便为小麦的集约化种植提供更多的空间。植物学家们减少了小麦的遗传多样性,改为单一化种植,因为其更高产,但这会严重依赖化肥和农药。

这种植物多样性的缺乏,再加上化学制品的添加,反过来又损害了土壤的营养价值。更重要的是,集约化种植的现代小麦长不出很深的根,所以接触不到土壤中营养最丰富的部分。

高产的特性使得人们普遍倾向于进行单一化种植,以至于最近有一位科学家成功地培育出了一种更具遗传多样性、营养更加丰富、抗倒伏性更强的小麦作物,但他发现这种作物无法在欧洲进行合法注册或交易,因为商业立法机构规定,种子和植物品种必须具有独特性,并要符合一定的统一性和稳定性标准。

其次,在加工面粉时,磨坊主将石磨面粉机换成了钢辊面粉机,钢辊面粉机分离谷物的效果很好,但同时也去掉了集中在胚芽外层的大部分微量营养素,只留下了胚乳,这样一来,加工后的面粉就成了"一种纯粹的淀粉,它的营养如此匮乏,以至英国法律规定必须重新将维生素添加到白面粉中"。在这个过程中辊子也会变热,这将大大减少面粉中可能存在的天然酵母或乳酸菌。

最后,使用优质原料和缓慢的发酵方法(这样能培育出有益菌)的烘焙师被大规模的工业化工厂所取代,在这些工厂里,发酵面包用的是能够快速发酵的工业化酵母,这会加快面包的生产速度。但这样的面包不像自然发酵而成的面包那样含有丰富的乳酸菌，这样的面包没那么有营养，也不会那么好消化，消化功能较弱的人就会比较难以接受。工厂为了延长面包的保质期，还会在面包中加入大量添加剂。

在这个生产过程的每一个阶段——从作物选择，到农业种植方式、制作和烘烤过程——人们都为追求生产效率而牺牲了面包的营养价值，最终的结果就是食用者的营养缺失。

我们对工作效率的迷恋也是同样的道理。

在人们只关注以更少的钱做更多的事，以及更快地完成任务的情况下，我们停止了思考。我们专注于做事，却没有给自己时间去思考。

我们停止了辨别。正如彼得·德鲁克（Peter Drucker）所说："没有什么比以极大的效率去做根本不应该做的事情更无用的了。"我们太专注于把当下的事情做完，却没有停下来问问自己，是不是应该这么做。也正因如此，我们为自己和彼此增加了多少额外的工作啊！

我们不再倾听，而是滔滔不绝、大喊大叫、发送一封又一封电子邮件、安排一场又一场会议。我们制造噪音，试图将自己的信息传递出去。而当我们听到某些声音时，又会直接跳到防御模式或解决问题模式，忘记了先去倾听。

我们不再暂停。我们重视运行而非进步。我们填补所有的空白时段，在午餐时工作、在厕所里发朋友圈、在通勤时发电子邮件。狂热的节奏成为生活的常态，停下脚步反而令人感觉不寻常、不适、害怕，甚至会被嘲笑。

我们不再关心他人。要么是因为我们自己已经精疲力竭，要么是某些情况下我们已经把工作变得极致流水线化，以至于我们只需要遵循一系列的条条框框，按照设定好的脚本行事就能完成工作。工作变得完全没有意义，并且让我们缺乏关怀、同理心或温暖的人性。这是很危险的事情。

我们不再信任。在优化绩效的过程中，我们增添了剥夺自主权和所有权的举措，取而代之的是官僚主义、数据和目标，导致我们花更多的时间服务于系统，而非服务于客户、病人或社区。

我们不再质疑。当每个人都疯狂地忙于应对自己任务的最后期限时，质疑就成了有破坏性的、不讨喜的事情。"因为我说了算"和"你只要去做就行了"成为默认的答案。更重要的是，我们周围的人和我们的想法是一样的——志同道合的人之间不太可能会有辩论、分歧或者异议，所以我们"浪费"的时间更少。当我们为了一致性而牺牲多样性时，我们回音室里的回声变得更响亮，我们的盲区变得更大。

我们不再学习。当没有了思考的时间，遇到问题时我们会坚持自己的所知，或者询问我们熟悉和了解的人。那些具备相关专业知识的人会被提问打断或淹没，而那些没有相关专业知识的人永远不会学习，因为询问他人总是比自己学习更便捷，承担的时间成本更小。

我们不再创新。效率是指更快地做我们熟悉的事情。精简、顺畅、有序。创新意味着踏入不熟悉的领域、承担风险、不怕出错、颠覆现状、犯下错误、走回头路、偏离方向和原地打转。看起来,迈向创新的步子似乎进度很慢,效率低得惊人。

机器人的效率很高。

而我们人类呢?人类之所以独特,是因为我们在关怀、同情心、协作和创造力等方面,有强大的驾驭能力。在我们对效率的不断追求中,这些独特而强大的能力却被剥离出来,使得我们在生活和工作中出现各种缺憾。

## 我们所开创的道路

### 成功不是一条直线

该死,成功甚至不是一条线。

成功是一座迷宫——有弯路,有绝境,有入口,也有新发现的路径。我们在其中找到自己的路,也不断失去自己的路。一路上,我们会遇到守护者、师长、盟友,也会遇到骗子,还有各种神秘的钥匙和强大的力量。

对于成功的过程,我们如此习惯看到有滤镜加持的版本,喜欢看经过编辑加工的精彩时刻,以至于我们都忘记了,每一次冒险都会有失望和失败,会有背叛和妥协。

在屏幕上和书页间,当我们的英雄被外部力量痛击时,我们和他们一起哭泣;当他们任由内心的魔鬼窃取或关停身心时，我们对他们大喊："不！"因为我们知道他们可以有更好的表现。

但我们不会诋毁他们、嘲笑他们、认为他们是傻瓜，贬低或者抛弃他们。因为他们自身的缺陷和失败，我们更爱这些英雄了。

但以上这些惩罚，我们却会加之于自己身上。

**糟糕的中途**

你目前正在做的事情看起来似乎一团糟，如果你知道这只是过程中的样子，一定会甚感欣慰。

房间在变得整洁之前会更加杂乱。

杂乱才会给人以变化的空间。

在重新创造新事物之前，我们需要时间和空间，把这一团乱麻解开并理顺。

有时，你内心的挣扎只是为了给自己一个空间，去走一段更长、更复杂的旅程，抵御那种诱惑——把一团乱麻打成一个干净利落的蝴蝶结。

我注意到，当我试图挣脱困境时，"非黑即白"对我来说有很大的诱惑，虽然它其实是错误的途径。我的大脑不喜欢开放式的、没有答案的问题，它会立刻行动起来，编造一个结局，跳入一个结论，完成一个宣判。

冲突变成了善与恶的争论，责备和羞愧的争论，正确和错误的争论。我和我丈夫就是这样争论不休的：要么是他错了，我对了；要么是我对了，他错了。然而现实往往比这更为复杂和令人困惑。一般情况下，我们都是有对有错的。这是多么令人厌恶的事情啊！

如果我们看到的一切都是非黑即白的，那可能是因为我们错过了更宽广、更丰富多彩的景象。这种情况下也许我们就需要暂时坐在缺乏结论的、混乱昏暗的房间里——以便让我们所看到的景象中黑白之外的部分得以呈现。

就像俗话说的那样，事情还能差到哪里去呢。

如果某样东西太过完美，我们就不会想去把它搞得一团糟。但如果它已经是一团糟了，我们就得到了充分的许可，甚至像是得到了邀请，可以去把玩、拆解、试验和重建。

我喜欢蒂姆·哈福德（Tim Harford）的《混乱》（*Messy*）一书的开头，它讲的是一名 17 岁的德国女孩薇拉·布兰德斯（Vera Brandes）的故事。薇拉在德国科隆大剧院为著名的即兴爵士乐钢琴家基思·贾勒特（Keith Jarrett）策划了一场演出。

当贾勒特进行演出前的试音时，发现演出要用的那架钢琴完全不合格："它音调不准，中间几个黑色琴键也是坏的，踏板很卡。这架钢琴根本没法儿弹……"贾勒特本能地想要退出，不想再去演奏。出于对薇拉的同情，他最终同意演奏。

后来，众所周知，那成了基思·贾勒特一生中最重要的一场演出。这场演出被录制成一张名为《科隆音乐会》（*The Köln Concert album*）的唱片，它成为有史以来最畅销的爵士独奏及钢琴独奏专辑。

那架钢琴的诸多缺陷迫使贾勒特不得不用一种完全不同的方式演奏，背离他以往的习惯和方式，进入完全陌生的领域，最终却产生了意想不到的作品。"这并不是基思·贾勒特认为自己会演奏的音乐。但是，他接受了，带着这种音乐越飞越高。"

那你呢？你今天要处理什么烂摊子？

> 你今天要处理什么烂摊子?

**美好的生活**

如果你现在的生活一团糟,而你一直埋头想把这团乱麻理顺;你一直很勇敢,敢于走到"甲板之下",而且你正在面对自己心中的恶魔,并决定走上更为艰难、更为真实的道路。那么,请你明白一点:

你的生活很美好。

一切都恰到好处,不是因为你谨慎行事,而是因为你愿意勇敢面对,愿意挺身而出,愿意承受恐惧,愿意坐过山车。

有的时候,你看不到美好,因为混乱的局面正对你惊声尖叫。但我向你保证,美好就在那里,就藏在混乱中。

美好就在那里,因为你就在那里。

它们美丽动人。

美好并不总是赏心悦目的。

美存在于初为人母的女性身上,她满脸汗水,头发蓬乱,鞋子也穿错了。

美存在于某人的皱纹和疤痕里,它们讲述着他(她)一生的故事。

美存在于失态的哭泣中,那些鼻涕、眼泪和所有的一切,说明有些秘密正在被分享,有些伤逝正在被哀悼,有些创痛正在被释放。

美存在于伊莱恩·哈利根所说的为人父母者的心情低谷。在一辆拥挤的火车上,她的儿子萨姆突然开始踢一名乘客,而她却无力阻止。"你的孩子需要的是管教——好好揍一顿他就老实了。"这位乘客大声说着，并且越来越生气（可以理解）。伊莱恩在她的作品《我的孩子与众不同》中回忆说：

> 当时我感到无助、尴尬，几乎完全失控了。
>
> 我不知该如何是好，这让我措手不及……我听到自己在说话："我的孩子是自闭症患者。我需要你们的支持，而不是评头论足，因为我面对的是一个有缺陷的孩子……他不是一个问题，而是他有一个问题。正如你们所看到的，我应对得不怎么样，但我最不会做的就是因为他有问题就揍他。能不能请你们不要再批评我了？你们能不能帮我在下一站下车啊？"
>
> 紧接着，出现了一阵令人痛苦的沉默。
>
> 然后，另一位乘客开口了："是啊，别再折磨那个可怜的女士了——她已经尽力了。"一瞬间，整个车厢的人陷入了激烈的讨论，关乎如何管教孩子，关乎我的做法是对还是错，关乎我们对自闭症是多么知之甚少，还有打孩子是不是一种有效的管教方式。萨姆睁大眼睛，一言不发，看着周围所有的成年人就像孩子在操场上打嘴仗一样说个不停。

伊莱恩认为这是她作为母亲的糟糕时刻。我完全感受到了这种痛楚，但我也看到了美好之处：这位母亲与孩子站在一起，并为孩子挺身而出，她清晰地表达并拥护了孩子的需求，她没有为了维持和气而道歉。我看到了一个懂得管理自己情绪的孩子的惊讶，因为他看到了稳重得体的成年人也会有和自己相同的表现。

美好存在于我们的周围：相互依靠的肩膀，安静平复的呼吸，被揉皱的纸，额头上的汗，布满尘土的膝盖和被擦伤的手肘，向他人伸出的手，还有被泪水浸润的肩头。

## 你所害怕的山洞

> 你害怕走进的山洞里有你要寻找的宝藏。
> ——约瑟夫·坎贝尔（Joseph Campbell）

真相是这样的：逃避并不会使你想躲避的东西消失。

不行动并不会让时间停止，它只会让你停在原地。

沉默有它自己的声音。

有句话是这么说的：如果你足够渴望一件事情，你就会想办法让这件事发生。这句话的本意是激励我们，但往往会产生相反的效果。因为这句话会让我们以为，我们逃避某件事是因为我们不够渴望它，于是我们会为此而感到羞愧。

但是，拖延未必都是你不渴望某件事的信号，它也可能是你真的渴望某件事的信号。

紧张是一个信号，表明我们在意。

抵抗是一个信号,它在说:这是真正重要的事情。

我们对这些信号的解读往往都是错的。

恐惧被解读为:危险,请勿靠近。

勇气被解读为:这里是神圣之土,请进吧。

> 恐惧被解读为：危险，请勿靠近。
>
> 勇气被解读为：这里是神圣之土，请进吧。

## 关于勇气的真相

勇气不是毫无恐惧。

它是我们面对恐惧时的表现。

它是我们与恐惧的联系。

它是在说:"好吧,我会去看看的,我会去试一试的"或者"好吧,我会去感受一下的",而并不是麻木不仁或者转移注意力。

它是在说:"好吧,我会搁置这件事。我会放手。请相信我的话。"

它是在说:"这样做很可能会出错;事实上,这样做很可能会出问题;我还没有把一切弄清楚;我可能还做得不够;我确定自己一点都控制不了这件事,但……它仍然值得去做。"

伊丽莎白·吉尔伯特还给恐惧写了一封精彩的信,她在信中写道:

> 我承认并尊重你是这个家庭的一部分,所以我永远不会把你排除在我们的活动之外,但是——你的建议永远不会被采纳。在车里,我允许你有一席之地,允许你有一己之见,但你没有投票权。你不能触碰地图;你不能建议绕道而行;你不能乱调温度。老兄,你甚至不能碰收音机。最重要的是,我亲爱的老朋友,我绝对会禁止你开车。

**隧道**

我们经常谈论隧道尽头的光。用它来寓意一个漫长的决议、一次重大的奖赏、一场解脱或是永远的幸福。

但我相信,我们比以往任何时候都更需要隧道中的光。

因为在隧道中我们还有未完成的事,我们要做的不仅仅是穿行到另一端——为此,我们需要光。

那道可以照亮有待完成的事和进行中的事的光。

那道照耀着泥土中的宝藏,也照亮了瑕疵、神秘与缺憾之美的光。

那道从阴影中界定实质,让反差和矛盾昭然若揭的光。

那道让我们的力量、信念、同情心和幽默感皆能苏醒的光。

那道提醒我们要看到彼此的光。

那道提醒我们并不孤单的光。

那道揭示我们无比强大的光。

**绝境,新的开始**

当你遇到绝境时(你会遇到的),你要知道,总会有一个新的开始。

我们都知道,世界末日是打开一番新天地的开始。

第三部分

# 更加强大：
# 拥抱成长

PART 3

如果我们不再认为，

无助的抗争是软弱或失败的标志，

会怎么样？

我们会变得更强大。

我们会更加舒展。

我们会获得成长。

这是在直面自己的脆弱中生活和成长的

更强大的方式。

## 困境中的抗争 让你变得更强大

**山峦**

> 现在,每当我看到一个强大的人,我都想知道:在你的故事中,你征服了什么黑暗?没有地震,山峦不会升起。
>
> ——凯瑟琳·麦克肯内特(Katherine MacKenett)

### 我们可以迎难而上

"妈妈,我需要你!"

我的孩子们所有的哭声都可以总结成这句话。

我饿了、我很累、我太热了、我太冷了、我很难过、我很受伤、我很无聊、我需要你为我解决这个问题。

某个时间点，这种情况发生了变化。

你会去做那个问题的解决者。由此带来的麻烦是，你开始擅长这个角色，然后有一天，你突然意识到他们不再需要你扮演这个角色了。

他们需要知道，自己也可以解决问题。他们需要学习如何为自己解决问题。

而当我继续为他们解决问题时，他们就学不会这一点。

但是，对于解决问题这件事，当你是一名老手，而孩子还是新人时，你想为他们代劳的诱惑仍然很大：

这并不难。
让我告诉你……
让我为你做……

而他们听到的是：

这应该并不难。肯定是出了什么问题……也许是我的问题，可能是我做不到。

因此，我学会了换一种说法：

我知道这很难。
你是对的，亲爱的，这的确很糟糕。

我明白的,我在这样的困境中也会感到无助和挣扎。

我的孩子现在更需要的不是一个问题解决者。他们需要我的同情心,我的同理心,我的脆弱性,以及我的人性。他们需要知道,我也会矛盾、会挣扎。这并不意味着一切出了问题,也不意味着他们有什么问题。

无助和挣扎是正常的。

抗争是我们学习的方式,是我们发展的方式,是让我们变得更有能力的方式,是让我们发现自己何其强大的方式。

用布琳·布朗的话说,"最不舒服的学习往往是最有效"。

用格伦农·道尔·梅尔顿(Glennon Doyle Melton)的话说,"我们可以迎难而上"。

**舒展与成长**

> 在舒适区不会有多么舒展,不幸的是,让你舒展的地方也不会有多么舒适。
> 
> ——珍妮·安斯沃斯(Jenny Ainsworth)

我的朋友珍妮是我认识的最坚强、最聪明的人之一。她充满了自信、勇气和活力。她总是带着自信大方的笑容,如同她那颗强大的心。她有着朴素的智慧,说话带着浓重的约克郡口音。她一走进来,整个房间都会变得灿烂。某个全球性组织的高级主管甚至形容这样她:"她就像被注射了一针人性咖啡因"。

第一次见到珍妮时,你一定会认为她是那种可以搞定一切的人,她能有今天这样的成就是因为她很勇敢。这一点倒是真的。但她会告诉你,变得舒展不是一件可以速成的事。她刚结束了一段长达25年的不幸婚姻,勇敢就意味着要面对这个痛苦的现实。

> 我跑啊,跑啊,跑啊。我跑得很累。我都能跟着莫·法拉赫①的足迹跑完一圈了!因为那让人恐惧,让人感觉很受伤、很痛苦、很可怕,所以我不想步入那种处境。而这件事的真相是,它一定会让人觉得很受伤,它一定会让人觉得很痛苦。但我的问题是,我现在就没有痛苦了吗?我的答案是否定的。

这不是在痛苦和不痛苦之间作出选择,而是在两种痛苦之间作出选择:一种是破坏性的疼痛,它会使她处于黑暗之中,让她被束缚、被包裹,让她动弹不得,也无法看到疼痛之外的东西;另一种是成长的疼痛,那种类似于分娩的疼痛,"那依然会很疼,依然会很可怕,但那是正确的疼痛,是治愈的疼痛"。

那是一种你可以身处其中并从中找到力量的疼痛,你知道某

---

① 莫·法拉赫(Mo Farah),英国长跑运动员,同时也是伦敦奥运会田径5000米和10000米金牌得主。——编者注

些好的东西会从这种疼痛中产生。你也许仍然身处黑暗中，但你可以调适你的眼睛，在黑暗中张望，你能看到的将不仅仅是痛苦。

舒展是我们成长的方式。当我们成长时，都会有生长痛。有时我们会以为，疼痛意味着我们应该停止和退缩，意味着我们已经达到极限或走得太远了。

是的，正如我的瑜伽老师告诉我的那样，我们可以用超越身体极限的方式做伸展，所以遵从我们的身体意志是件好事，但我们也可以重新学习身体的语言。

也许，阻碍我们的东西只是在表达：是的，就是这里，这就是需要好好舒展的地方。你可以慢慢来，但你要继续做下去。

灼痛是在告诉我们：我们的肌肉正在变得更强壮——实际上，这正是一个肌肉微微撕裂和重建的过程。

不久之前，有人给我讲了一个故事：在一个密闭的生物群落中，树木都长得很高，但都很脆弱。如果没有风，它们就不会长出强大的根系。我查了一下，原因不是根部缺失，而是缺乏所谓的应力木或应力树皮——一种在强风的作用下生长的木材，应力木会使树木更强壮，更有韧性，更难以折断。

挣扎是我们成长的方式。

有时候，生长不一定是向外的，更多的时候，生长是在被扭曲和规训了很久之后，长回了更真实的形态和大小。

正如珍妮所说：

> 我觉得我一直生活在一个房子里，这里的门窗多

年没有被打开过。我突然用力推开了窗户,我以为我会说:"啊,我可以呼吸了!"但我没有意识到,自己已经不太会呼吸了。我先前只是浅浅地呼吸着,维持身体所需。而现在,我正在大口大口地呼吸新鲜空气。这对我真是意义深远。

## 力所不及

"我感觉自己对这件事已经力不从心了。"

"很好。因为这意味着你很勇敢。"

因此,我们常常认为,某件事不在我们的能力范围之内,我们便会失去做这件事的资格,也意味着我们不适合做这件事。然而,更多的时候恰恰相反,某件事超出我们的能力范围,正是促使我们成长、伸展、崛起、勇敢并以新面貌示人的先决条件。

这时我们需要听到的是"很好,这件事正适合你",而不是"你不适合做这件事"。

当你觉得"我不确定自己是否准备好了"的时候,你才是真的准备好了。

## 是复原力,而不是免疫力

是什么让你变得强大,并成为完美的候选人——并不是因为你没有什么烦恼的事,而是因为你不断地从这些事情中重整旗鼓并复原、自我重建了。

换句话说，你不是没有跌倒过，你只是不断地在跌倒后就爬了起来。

"让你强大的是你的复原力，而不是你的免疫力。"

我在我的朋友阿尔发的帖子下面发表了上述评论。我写下这些话的时候，阿尔正准备参加一个身体康复和疼痛管理项目的入选评估，这个项目会帮助她有效控制皮肤弹性过度综合征（Ehlers-Danlos syndrome）的影响。

皮肤弹性过度综合征指的是一种结缔组织疾病，通常以关节活动过度、皮肤过度松弛、组织脆弱和伤口愈合不良为病征。简单地说，患者如果活动、伸展过度，那么身体上所有可以活动或伸展的地方，比如皮肤、关节等，都会很容易受到损伤，而且难以愈合。

对阿尔来说，这意味着她每天都要面对脱臼、持续性疼痛、心脏问题和呼吸问题，她活动时需要坐轮椅，还需要接受经皮内镜下胃造口术，并放置喂养管（首次接受经皮内镜下胃造口术后，她的伤口感染了，不能继续采取这种方式，只好改成管饲肠内营养），她穿梭于各个医院，对各地的医院都熟门熟路了。

这个康复计划颇具挑战性，对患者有非常具体的纳入标准。这个项目每周只接收三名新病人，因此病患通过申请的比例特别低。负责转诊的顾问提醒阿尔说，她可能会因为不符合条件而被筛掉——她还患有双侧梅尼埃病①、体位性心动过速综合征②和抑郁症。

每当递交申请时——申请一份工作、一门课程，或加入一个医疗项目——我们通常都会认为自己具备资格。我们会寻找自身明显的优势、与生俱来的天赋和直接的匹配条件，把弱点、内心的纠结和多余的困难视作我们被取消资格的潜在根源。

但情况真的如此吗？

让你强大的是你的复原力，而不是你的免疫力。

阿尔把这句话记在了心里。在评估中，她和负责筛选项目入选人的评估者分享了这句话，还表示自己不愿意参加某场大规模的怜悯性聚会，评估者认为她很有趣。她以压倒性的优势得到了评估者的积极反馈。评估者们说："哇，你的心态真棒！"然后她就入选了。

尽管阿尔的身体不够健康，指标不符合一般的纳入标准，但她证实了自己在精神上的耐力和态度，她表示自己能坚持下去，并处理好这个问题，而且她确实比某些身体达标的病患更能从这个项目中受益。

阿尔在英国皇家国立骨科医院（Royal National Orthopaedic Hospital）度过了三个星期，这是一段不可思议的经历。用阿

---

① 梅尼埃病是一种内耳疾病，会导致突然发作的眩晕、耳鸣、耳内压迫，还有听力及平衡能力的下降。——译者注
② 体位性心动过速综合征患者坐起来或站起来之后心率会异常变快，典型的症状有头晕和昏厥。——译者注

尔的话说，这三个星期她过得"紧张、痛苦、舒展，心灵上受到了巨大震撼"。

这个康复计划是要在对患者进行充分检查和了解后，挑战他们身体和精神的阈值。通过建立一条基线，了解患者的身体和精神状况在该基线附近区域的波动情况，然后以微微增强或调整某项元素的方式，努力实现提升患者身体功能和生活质量这个有意义的目标。在这个过程中，患者常常会感觉自己时而向前走了一步，时而又向后退了两步。

阿尔提到：

> 有的时候，我不确定自己能否面对下一个动作，下一次脱臼、呼吸或者心跳。这里的工作人员和病友的爱、善意和支持帮我渡过难关。我们想方设法，让这里的生活充满笑声、歌声、恶作剧，有呵护、感恩，还有日光浴，我们甚至会在广播站花时间介绍某一首歌，希望能让人们笑起来。还会有新的活动（我们会根据需要创造性地进行调整），比如用健身球训练平衡感，乒乓球、羽毛球、冰壶、黏土雕塑，以及我以前最喜欢的游泳。我们在这么多的方面都得到了锻炼，我们在身体上、情绪上和精神上都得到了增强。

事实上，阿尔发现，这个管理疼痛、获得独立及全新视角的整个过程，绝不是在寻找治疗方法，也不是一段令人麻木、有限制性或封闭性的经历——这都是她以前做过的事情。

恰恰相反，如阿尔所言："我已经决定拥抱疼痛，接受它，学会与它共存，并进行多种尝试。"

她最近的尝试包括订购一辆专供残障人士使用的三轮车，这花了她5000英镑。

她说：

> 我的银行账户余额当然会让我感到肉疼，但一想到我再也不会被困在那种无法去远一点的地方，或者不能和A&E（她的丈夫和儿子）一起骑自行车的绝境中，我的心就欢畅起来。

毫无疑问，使用这辆车时阿尔也会有痛苦和挫败感——学习如何操作这种与众不同的设备，如何避开路上的行人和车辆，如何保养这辆三轮车，以及它之后的保险费用，都会有让她有心生不快的时候。但是现在，她明白自己不会成为完美的三轮车手、驾驶员、修理师，也不会有无痛或不脱臼的出行，这意味着她现在其实更愿意接受那些她之前试图压制的想法、情绪和感觉。

阿尔说：

> 简简单单的一句"是复原力而非免疫力让我强大"，让我开始了一段崭新的历程，对那些我意想不到的方

面产生了积极的影响。

**我被打倒在地**

> 在你了解到更多之前,请尽你所能。当你知道自己对某件事有了更多的了解时,你就会做得更好。
>
> ——马娅·安杰卢(Maya Angelou)

作为一个正在变得不那么苛刻的完美主义者,可以说,面对失败,我一直在抗争。不知为何,我总是把这视作"我不够格"。我做得不够多、不够资格、不够自信,或者不够聪明。

"我应该知道的",对自己说这句话几乎是一个完美主义者的必经之路。我应该知道的,那我应该做得更好。我的行为似乎和安杰卢的建议背道而驰。

这种情况的问题在于,你总是在向后看。我们这些完美主义者如此纠结于自己会被打倒在地,我们忘了重新站起来才是最重要的事情。

毕竟,连婴儿都是这样学习走路的,不是吗?不断地跌倒,再稳住自己,重新站起来。

我丈夫对跌倒的态度和我完全不同。他将跌倒视作他熟悉的伙伴。他有阅读障碍症,而他长大的地方只有为数不多的几家学校,那里没有人知道还有阅读障碍症这种病。他失败了很多次——在写作业的时候,在拼写测验中,在他被老师点名大声朗读课文的时候。

这些失败的经历给他带来了一些额外的收获——他学习到了做事要百折不挠,还要机灵。他发现,如果把5支比克钢笔粘在一起,它们的间距会刚刚好,这样你写字的时候就会比用一支钢笔要快5倍。他对校长说,他在完成第一阶段中等教育时继续学习现代语言这门课是毫无意义的,因为他连英语的语法都掌握不好,更不要说学什么法语了——于是,他就多学了一门科学类课程,以代替现代语言。

除此以外,他的家庭生活也很不稳定。"我的父亲只会在嘴上说得好听。他喜欢当英雄。可当你真的依赖他时,他一定会让你失望的。"

我丈夫对跌倒并不陌生。正因为如此,他对跌倒后再爬起来也不陌生——他有很多次的实践。

他的高中课程成绩一度不及格,在"贫困线"上勉强挣扎,但他后来决定重新进入大学,并最终在大学预科课程结束时获得了软件工程学位,近几年他还完成了移动设备应用开发专业的硕士课程。

他的故事绝不是个案。

阿加莎·克里斯蒂(Agatha Christie)、阿尔伯特·爱因斯坦(Albert Einstein)、埃莉诺·罗斯福(Eleanor Roosevelt)、列奥纳多·达·芬奇(Leonardo da Vinci)、理查德·布兰森(Richard Branson)、史蒂文·斯皮尔伯格(Steven Spielberg)、乌

比·戈德堡（Whoopi Goldberg）、艾琳·布劳克维奇（Erin Brockovich），等等，这些人都是著名的阅读障碍症患者，但他们后来都取得了巨大的成就。他们中的很多人认为，懂得如何抗争，以及如何在抗争中变得坚韧，是他们成功的关键因素。

了解失败的意义在于你知道了那是一种什么样的感觉，你认识它，它带来的冲击就不会把你击倒，它带来的恐惧也不会让你退缩。你了解自己的处境，你知道自己该怎么做——面对失败，你需要重新站起来，找到一条路绕过去或者跨过去。

而那些从小就得到妥善庇护的孩子往往会缺失这些东西，他们心怀善意的父母往往会尽力让他们免受困境的煎熬，因为他们不希望自己的孩子和他们一样经历苦难。

这一点在改编自小说的电视剧《星星之火》[①]（*Little Fires Everywhere*）中得到了完美的诠释。剧中的莱克茜出生于一个富裕的特权家庭，她是家里的长女，此刻她正艰难地面对着耶鲁大学入学申请文书中的一道题目——她需要描述一个她曾克服过的困难。

她母亲的回答，很好地解释了什么是特权和完美主义：

> 你的父亲和我一直都在努力，希望你的一生不会遇到任何的困难，而现在你必须编一个出来……这个题目就像是在说，如果你不是由一个吸毒成瘾、几乎

---

[①] 《星星之火》是一部迷你剧，改编自美籍华裔作家伍绮诗的小说《小小小小的火》。——编者注

无法维持生计的母亲抚养长大的，你就得因此受到惩罚。是吗？这也太傻了。

作为表现特权的例子，这段剧情达到了预期的戏剧性效果，观众看到这里也会在心里呐喊："不是吧，她居然会说这种话！"令人不适的是，我这个完美主义者确实看出了编剧的某些意图。

电视剧想要展示给观众的，是一个曲解了"失败的价值"的典型案例。

我们认为想要拥有美好的生活，就要尽一切可能保证自己永远不会倒下，而不是要有重新站起来的能力。

> 抗争是我们学习的方式，
> 是我们发展的方式，
> 是让我们变得有能力的方式，
> 是让我们发现自己何其强大的方式。

## 抗争带来的蜕变

### 化蝶之茧

我们经常谈到蜕变是一件美好的事情。我们美化关于蜕变的一切：蝴蝶破茧而出，绚烂夺目；毛毛虫憨态可掬地躲入茧中。即便是那茧本身，我们也会由它联想到安全——软软的茧将毛毛虫包围起来，让它得以避开危险的外部世界。那小小的幼虫被毛茸茸的絮状物包裹着。

然而，有人揭露了这种絮状物的真相。派特·巴克（Pat Barker）在小说《重生》（*Regeneration*）中写道："剖开蝴蝶的蛹，你会发现一只正在腐化的毛毛虫……化茧成蝶的过程几乎就是机体腐化的过程。"

那是一千场小小的葬礼，哀悼的是那些从未存在过的东西，以及那些将不复存在的东西。

哀悼的是那些你放下了的、随风飘逝的东西——你所以为的自己，或是你想成为的自己，以及你以为你想成为的自己。

让它燃烧吧——那副骨架，那具残骸，那座被精心打造的牢笼。

还有被挖出的那些腐肉，那些削去的冗余，那些掉落的残肢，那层层剥落的外壳——它让你露出本来面目。

这感觉就像死亡，因为它就是死亡。

那种清除地表杂质、将富饶肥沃的土壤奉献出来以待万物生长的死亡。

那种会有新生命萌芽的死亡。

**我们成为的自己**

科学家们给这种死亡起了一个名字：创伤后成长。

创伤后成长指的是人们从创伤性事件中走出来时有了更强的身份认同感，在观点或心态上会发生积极的转变，对自己所作所为的意义、目的或是与他人的联系有了更深的认识。

游戏设计师简·麦戈尼格尔（Jane McGonigal）描述了她发现这一点的过程，当时她在经历了一次严重的脑震荡后总想长卧不起，还有自杀的倾向。在一场 TED 演讲中，她列出了创伤后成长的五大特征：

我的优先事项已经改变——我不怕做让我快乐的事。

我觉得自己和朋友、家人更亲近了。

我对自己所有行为的意义和目的都有了新的认识。

我更加了解自己。我知道我现在究竟是谁。

我能够更好地专注于我的目标和梦想。

这五大特征和临终者的五大遗憾（如下）恰好截然相反，并一一对应。

- 我希望自己当初没有那么努力地工作。
- 我希望自己能和朋友们保持联系。
- 我希望能让自己更快乐。
- 我希望自己能有勇气表达真实的自我。
- 我希望我的生活能忠于我的梦想,而非符合别人对我的期望。

如果我们允许自己完成转变,我们会成为更强大、更真实的自己。

我们会更了解自己。我们会更信任自己。我们会拥有更真实的生活。

**充满活力**

在生存模式中,安全会让我们具备活力;恐惧则是一种警告,是让我们保持清醒和逃跑的信号,或者是警告我们,要留在原地,不能打破现状。

但转变是不同的。产生转变的地方通常是恐惧与活力相碰撞的地方。我们从那个让我们身处安全地带却无法自我认同、获得庇护却变得反应迟钝、被精心保护却身陷其中的牢笼中脱身而出,来到了这个地方——一个令人振奋的、充满野性的广阔天地,在这里,我们能感受一切。恐惧和兴奋,痛苦和快乐,脆弱和自由。

在这里,我们变得充满活力。

布琳·布朗公开承认，二十年来，针对勇气和脆弱性的研究与教学工作并没有让她不再感到恐惧。她在《脆弱的力量》（ *The Gifts of Imperfection* ）中写了下面的感受，并在《成长到死》（ *Rising Strong* ）一书中重申：

> 前一分钟你还在祈祷转变停止，下一分钟你就会祈祷转变永不结束。你还会想，你怎么能同时感受到勇敢和恐惧的双重力量。至少这是我大部分时间里的感觉……勇敢、害怕和非常具备有活力。

如果这些描述适用于布琳，那它们也会适用于我。

> 感受一切。
> 恐惧和兴奋,
> 痛苦和快乐,
> 脆弱和自由。

## 抗争所揭示的

### 意外的超能力

我经常和我的朋友乔茜在社区中心的咖啡馆见面,在那个咖啡馆旁边,有一系列为老年人、有学习障碍的人、需要专门的痴呆症护理设施的人所提供的住所。经常光临咖啡馆的居民中也有一位叫乔茜的女人,她总是喃喃自语,大多数人很难理解她在说什么,这让那位乔茜感到沮丧和孤单。

但有一个人能理解她,那就是我的朋友乔茜——她儿子早年患有语言障碍症,这迫使她很善于破译人们的喃喃自语。所以现在,我的朋友乔茜是为数不多的能给那个孤独的女人乔茜提供生存希望的人之一,这种希望关乎与世界的连接,关乎理解和友谊。

这是件很了不起的事情。我称这是乔茜(我的朋友)无意中具备的超级力量。我们共同的朋友裘德亲切地把这两位乔茜比作汉·索罗(Han Solo)和楚巴卡(Chewbacca)。

我丈夫也拥有一种无意中具备的超能力,他很少会被棘手的问题难住。比如下面这个问题:

Can you find the
the mistake?
1 2 3 4 5 6 7 8 9

图 1 一个难题

或者是下面这个问题：

请你数一数字母"f"在下面这个句子中出现的次数：

Finished files are the result of years of scientific study combined with the experience of years.（这些完成了的文件是多年的科学研究与多年的经验相结合的结果。）

你发现了多少个"f"？

大多数人会回答3个，因为他们会忽略连词"of"。如果你想找到第一个问题中的错误，请依次指着图中的每个单词，大声地、慢慢地读一读。

因为我丈夫有阅读障碍症，所以阅读对他来说并不容易。他不太可能像我那样略读，用技术术语说，他读得很不流利。

不流利会使他的阅读速度变慢，但这也有一个好处。

诺贝尔奖获得者、心理学家丹尼尔·卡尼曼在《思考快与慢》中描述了大脑所使用的两种思维系统：系统1运行时速度很快、很直观，是自动的，并且运行起来毫不费力；而系统2的运行速度比较慢，并且是分析性的、有意而为的，也需要大脑有更多的活动。

回答上述那种问题时，系统1会最快给出答案，但系统2很可能会给出更准确的答案。

另外两位心理学家亚当·阿尔特（Adam Alter）和丹尼尔·奥本海默（Daniel Oppenheimer）发现，如果你让这些问题以更难以辨认的字体呈现出来，人们作答时就会从启用系统 1 转向启用系统 2。不流利的阅读会激活大脑关于分析性推理的区域，大脑也会更努力地工作，因此，人们的得分会更高。

由于我丈夫的大脑需要努力工作才能完成阅读，所以他完全可以直接进行分析性推理，看穿这些有陷阱的问题。

**困境的启示**

字体越难以辨认，人们的得分就会越高。

当问题太容易解决时，我们会错过什么？

我们从抗争中获得的最有价值的东西之一，就是我们知道自己可以做到，我们可以挣脱困境、克服困境，从而生存下来。而且，我们常常会在这一过程中发展出一些特殊的技能，如果没有困境，遇到的问题很容易解决，我们就不会拥有这些技能。

有一天，我和一个朋友谈论如何为孩子上大学做准备。当我回忆起我在大学期间所犯的错误时，我意识到自己最有价值的收获恰恰都来自被我搞砸的那些时刻（想到这些的时候我是在笑的）：

当我在圣诞节出现在利兹（Leeds）火车站，并无处可去的时候；当我无家可归，以沙发客的身份四处借住，度过了两个星期的时候——我当时并不知道想在暑假期间住校是需要重新申请的；当我把学生贷款一半的钱花在去约翰－路易斯（John Lewis）百货商店购买床上用品，然后意识到我需要找一份工作的时候!

这些都是我成为母亲后绝对不想让孩子们置身其中,并一定会大声喊"不"的时刻。而当年我的父母也许有先见之明,他们在我离开家去上大学的时候搬到了世界的另一端。这很幸运,因为我自己知道,父母仍然想要全方位地帮助和干涉孩子的那种力量有多么强大。

但我在那些日子里有很多收获。我发现自己很聪明;我学会了谈判,学会了以物易物和寻求帮助;我知道了社区的价值;我明白了在自己没有答案的时候要去寻找答案;是的,我还了解了做计划的必要性!

我们常常认为,我们需要告诉孩子们如何做才是正确的,以此让他们有所准备。

也许他们(和我们)需要听到的话是:你会犯错,那正是你学习的最佳时机。

你要在一切不顺利的时候说"不要慌"。

不要慌。你不是第一次经历这种事了。你可以处理好的。

我们可以迎难而上。

### 不合群之美

在《逆转》(*David and Goliath*)一书中,马尔科姆·格拉德威尔(Malcolm Gladwell)探讨了身处劣势的坏处(以及身处优势的好处),书中的例子从一个不按常理出牌以弥补其弱点的篮球队，到牧羊少年大卫面对巨人歌利亚时带枪参加一场刀战。

在书中题为"你不会希望你的孩子有阅读障碍症的，对吗？"的章节中，马尔科姆·格拉德威尔表示，阅读障碍症所带来的好处是，它会让人对身为局外人的感觉习以为常，这可能会使人更容易成为那种会表示"反对"的人。我的意思不是说，患上阅读障碍症会让人变得令人讨厌或令人不悦，而是说，患上阅读障碍症会让人变得更愿意承担社会风险——做那些别人可能不会赞同的事情。

这听起来很有道理，不是吗？如果你从一开始就不适应环境，你可能就不会太愿意顺应社会规范，也不会太担心别人的看法。当然，对创新者和变革者来说，这是非常理想的特征。

除了阅读障碍症之外，我丈夫还有某种社交脸盲症。我们中的某些人可能会有点追星的倾向，或者和非常重要的人说话时会很不自然，而我丈夫会高兴地和公司的高级主管敞开心扉，就像他和大楼里的其他人谈话时一样。只有在事后，才会有人对他说："你知道你刚才在和谁聊天吧？"

因此，他经常获得高级主管们的青睐，这不是因为他很有魅力，而恰恰是因为他不会刻意说甜言蜜语。同样，他也会和清洁工、保安或有学习障碍的人敞开心扉。因为社会地位不是他能搞明白的东西，所以他没有想过要区别对待任何人。

小时候，我也曾为融入社会而感到煎熬。我的生活夹杂在两个大陆之间，夹杂在两种文化之间，我曾在七所不同的学校上学。在学校，我往往是个局外人。我是这里的第二代移民，是个第三文化儿童。①

我身上似乎没有任何地方是恰当的：我的厚眼镜不适合我的小小的鼻子和大大的牙齿；我的肤色和我的口音不符；我嗜好读厚厚的书，喜欢进行深刻的谈话，这和普通孩子的娱乐方式很不一样；我对学习的热爱和对流行文化的无知，以及我对地名的错误发音——它们通通不合时宜。总之我是一个古怪的孩子。②

而这种不合群的美好之处在于，即便把我放在一个满是陌生人的房间里，我也能轻松地和他们交谈。我很幸运，我有一个很大的朋友圈，而非一个封闭的圈子。对于任何具备不同观点、兴趣和经历的人，我都能侧耳倾听并产生共情——这对一个培训教练来说是非常有用的技能，而且，在一个日益两极化的世界中，这一点可以说是非常必要的。

我也会发现那些不适合我的机会，并对那些内卷大师们有一种良性的过敏倾向。他们把自己的六位数收入公式作为成功的唯一途径并进行大肆鼓吹。我并不是觉得那种行业不适合我，而是承认那只是一种不适合我的成功方式。

我可以选择我自己的道路，并全力以赴。

---

① 这是一个由社会学家露丝·希尔·尤西姆（Ruth Hill Useem）在20世纪50年代创造的术语，也被称为"无处不在的无根公民"（citizens of everywhere and nowhere）。
② 我要声明，我现在依然觉得奇怪：当我的朋友跟我这么说的时候，我把它当作了一种赞美。我觉得这意味着我的朋友们真的很了解我。

你还能在哪里找到一个天生就杂乱无章的高效教练呢？我很容易把我的杂乱无章看作自我否定的一个理由。事实上，有一段时间我就是这样做的。对于"高效"和"时间管理"这一类的事情，我在很长一段时间内是抵制的，因为我不是那种天生就有组织、有计划的人。事实证明，这给了我同理心，以及洞察和理解的能力，让我的客户和读者觉得"我是个让人感觉耳目一新的人"。

请想一想。如果你的孩子有数学学习障碍，你想给他请一个家教，那么，你是想请数学天才——一个觉得所有数学问题都很简单，直接就能给出答案的人，还是想请一个知道数学如何折磨人、能真正指导你孩子学习的人？

我的朋友玛丽安娜·坎特韦尔（Marianne Cantwell）是《成为一个自由人》（*Be a Free Range Human*）一书的作者，我经常引用她的这句话："我们的弱点正是我们的优势，只是它出现在了错误的环境中。"

关于阈值，她有一场精彩的 TEDx 演讲，她在演讲中说：

> 那些我们想努力隐藏在阴影中的部分，当我们把它们带到灯光下时，它们就会变成我们的优势。

### 遗憾和渴望

我应该打电话的。

我应该知道的。

我应该做/说/不说……的。

后悔让人闷闷不乐。这是一种特殊的惩罚，我们用它解释我们所感到的痛苦，用它控制和引导愤怒，即使这些情绪只是针对我们自己的。

但这种痛苦所要表达的其实是渴望。

去掉"应该"，你就会看到渴望的真实内容。

我渴望我们曾经说过那些话；我渴望他知道那件事；我渴望事情变得不同。

我渴望有勇气说话；我渴望有机会改变那些事情。

为了让事情完美无缺；为了让她在这里；为了让他自由；没有缺失之处；没有崩坏之处；

渴望说出了那个真相——我们痛苦，我们愤怒。与此同时，我们放开了控制。

为什么这么做很重要？

因为遗憾会把我们生吞活剥。当我们把所有的能量导向我们无力改变的过去时，遗憾就会吞噬我们。对自己和他人，我们变得要求极高。我们因为害怕作出错误的决定而（再次）而瘫倒在地。

我们使用自己所拥有的力量去击败我们自身以外的力量，这可能是一种糟糕至极的自我伤害。

只有当我们放下掌控欲，承认渴望的真相——那种痛苦是让我们去感受的，而不是让我们去修复的；那种美好是我们的心之所向，而不是我们自我责备的理由——我们才会意识到自己有多么大的力量。这些力量蕴藏在我们未来所作出的选择中；蕴藏在我们经历的痛苦所孕育出的创新中；蕴藏在我们寻求正义、美好或自由时所致力的改变中。

渴望会成为我们从灰烬中奋起的燃料。

## 一起抗争

### 做问题解决者的替代性方案

初为人母的时候，我一直在努力调整自己心理上的困境（我现在仍然会在教育问题上陷入麻烦，但那时我更多是在跟自己较劲。）

我丈夫下班回家后，我会向他倾诉一天中的每个细节——从喂奶时间和换尿布这种实际的琐事，到我突然爆发的难以名状的愤怒情绪。

我丈夫最常出现的反应是试图解决问题。他把沙发挪来挪去，倒掉垃圾，洗干净餐具，挽救被我做失败的意大利面，但他无法解决我感受上的问题。我会感觉到莫名其妙的孤独，同时，还有一种窒息感——我永远没有自己的时间。那些责无旁贷的压力和毫无头绪的迷茫，那些新生命的奇迹所带来的喜悦和痛楚，还有面对无数微小的决定时，我不由自主产生的那些纠结情绪。

当时，我需要的不是一个问题解决者，因为我当时的切实感受并不需要被解决掉，不需要被消除，也不需要被处理，那是初为人父母时的紧张情绪所导致的焦灼不安和头晕目眩。

我不需要你为我做什么，也不需要你把这些感受带走。我需要知道我可以胜任，我需要知道你明白我可以胜任。

我需要知道你在这里，我也在这里，我们都没有步入歧途。

我需要被看见，被知晓。

我需要的是一个见证者。

**适时出现**

有一次，在我的朋友蕾切尔的团队里，有一位同事受到了处分，因为她请了太多的病假。

蕾切尔根本不同意这么做。这位同事对团队有很多贡献，并勇敢地应对着自己身边发生的一切：患病的痛苦；不知道自己疾病状况的不安；需要安排各种预约、就诊的麻烦……而且，只要时间允许，这位同事就会出色地完成工作。事实上，这位同事的工作质量并没有受到影响，只是工作的时间变短了，从而引发了这场纷争，她的职权也被收回了。

蕾切尔对此感到无能为力，她阻止不了这件事，她可以选择不参与，可以远离是非之地，袖手旁观，保持距离，然后从口头上表示明确反对：我不同意这么做，我不会参与这件事，请不要以我的名义做这件事。

但蕾切尔选择留在事发现场，这并不是因为她赞同这个处分，而是因为她知道，她能做的就是在众人对这位同事口诛笔伐时给她提供一点点善意。蕾切尔无法扭转逆境，但她确定自己可以和这位同事一起经历地狱。

**解决与见证**

解决者提出建议；见证者获悉问题。

解决者作出示范；见证者安静旁观。

解决者企图代劳；见证者认真思考。

解决者提供支持："我对你很同情"。

见证者提供同情："我和你有同感"。

解决者说："让我来吧。"

而见证者说："我陪着你呢，我相信你可以做到！"

解决者想承担我们的负荷，而见证者会给我们力量。

> 我陪着你呢,
> 我相信你可以做到!

**掌控者**

我正努力让一切井然有序……

我们中的某些人是天生的掌控者，他们很擅长把一切都凝聚到一起，人群、团队、项目、家庭、关系……他们可以把这一切都团结到一起。

为了创造稳定性结构，让维修或建设工作得以进行，脚手架就变得很有必要。但是，如果不存在维修工作，或者缺乏地基，即便有再多的脚手架，也不能保证建筑不会倒塌。

脚手架是临时性的，它会支持我们创造具备持久性的东西。

我们可以使用脚手架让建筑的外观看起来很漂亮，但是只有在内部，我们才能找到建筑真正强大、稳固或腐朽的地方。

如果我们长期处于靠脚手架维系建筑的模式，我们就会习惯于从外部把一切固定到一起，而不是身处建筑之中，成为其中的一部分。

真正的变化需要发生在内部，发生在核心地带，发生在我们所维系的人或关系当中。

我们太专注于构建生活，却忘记了生活本身。我们忘记了"关系"的重要性，正如作家丽贝卡·索尔尼特（Rebecca Solnit）在《迷失的指南》（*A Field Guide to Getting Lost*）中所说："这是一个你们共同构建并身处其中的故事。"

> 使你强大的东西，
> 并不会使我软弱

我住的地方离坎诺克蔡斯①不远,那是一个自然风景区,有数英亩的林地、欧石楠丛生的荒野、可以徒步的小径和各种野生动物,我听说那里还有大约800头黇鹿。我对那里非常陌生,除了那里的两个游客中心。

庆幸的是,我有一些在那里长大的朋友,他们对那里的每一寸土地都如数家珍,有时他们会带我去那里探险。有一次,我的朋友克里斯蒂娜指着白桦树让我看,它们的树干高大粗壮,为了争夺阳光,一直向上延伸。树干上任何妨碍另一棵白桦树生长的旁枝都会折断,留下被称为伤口的树斑。

这让我想起了金丝雀码头(Canary Wharf)。在金丝雀码头的企业丛林中,各类机构和建筑互相推搡,争相向顶端攀升,还承诺会有更清洁的空气和更晴朗的天空。在这个世界里,自己向上爬和把别人推下去是密不可分的,你会有意无意地挡住别人的光。

当我们接受这个世界的运行规则时,我们就会陷入攀比的陷阱。我们把别人的成功看作对自己的威胁;我们以怀疑的态度对待别人的长处,以怨恨的态度对待别人的成果;我们疯狂地鼓吹自己,想让别人留在原地,这样我们就不会被排挤出去。

问题是,攀比扼杀了一切。

它扼杀了我们的创造力,让我们用批判的眼光看待一切——自己、他人、与我们不同的想法、与我们太过相似的想法。

---

① 坎诺克蔡斯(Cannock Chase),归属于英格兰西米德兰兹区(West Midlands)下辖的斯塔福德郡(Staffordshire)。——编者注

它窃取了我们的快乐。当我们不断回头,关注别人可能拥有的东西,或者可能从我们这里拿走的东西时,我们很难享受我们所拥有的东西。

它麻痹了我们的同情心。当我们感受到某人的威胁时,就很难再对他产生认同。

坦率地说,我不想做一棵白桦树,我想做一棵古老的橡树,敞开怀抱,为鸟儿和昆虫提供家园,为冬青和风铃草提供庇护,为兔子和松鼠提供食物。

让我们创造一个不同的世界。

一个停止攀比的世界。

一个我们都有成长空间的世界。

使你强大的东西,并不会使我软弱。

使我强大的东西,也不会使你软弱。

当我们意识到这一点时,我们可以庆贺彼此的成功,并在抗争中让彼此变得更强大。我们被对方所鼓舞,为对方的创造力作出贡献,让快乐蔓延。

当我们停止攀比时,我们都可以更自由地呼吸。

当我们停止攀比时,我们都可以变得更加强大。

> 当我们停止攀比时,
> 我们都可以更自由地呼吸。

## 同志和同谋

> 我的儿子得了新冠肺炎,他病得很重。我什么都不能做,不能探望,不能回格拉斯哥(Glasgow),只能等待。我的工作团队非常棒,我已经意识到自己可以一点点放手了。
>
> 我的工作团队有9个人,其中的8个人在工作期间遇到过家人出现医疗或家事上的紧急状况。我们已经学会了以不同的方式工作,我们互相支持,度过了一些相当艰难的时期。
>
> 这些收获都来自意想不到的紧急状况。正如你所看到的,那些状况就像格拉斯哥的公交车一样,要么一辆都不来,要么8辆一起来。
>
> ——英国全球旅行健康协会(British Global Travel Health Association)主席特里西娅·阿姆斯特朗(Tricia Armstrong)

在我们应对这些危机和挣脱困境的时刻,我们有所发现。

当我们抽离出每天都会被卷入其中的琐事之后,我们发现了关于我们自己的真相,发现了我们的能力边界有多广,发现了真正重要的东西。

当我们不再试图让自己承担所有事情时,我们发现了团队合作和社群的美好。

我们最大的恐惧是我们自己做不完所有的事情。但是，请看看当这句话真正照进现实时会发生什么吧。

事实证明，让我软弱的东西，会让我们变得强大。、

> 我们最大的恐惧是我们自己做不完所有的事情。
> 但是,请看看当这句话真正照进现实时会发生什么吧。
>
> 事实证明,让我软弱的东西,会让我们变得强大。

### 是单枪匹马,还是一起变得更强大?

我们的很多文化都会赞美孤独的英雄,赞美那些攀至巅峰的明星、冠军,那些卓越的人,那 1% 的人。

在为写本书做研究的时候,我突然发现,有很多商业类及创业类书籍都是围绕着杀死竞争对手的传统而展开的,但事实上,我看到的都是一本书,据称它能帮读者成为"世界冠军"。

单枪匹马的成功神话使我们彼此竞争,并使你死我活的世界成为永恒,在这样的世界中,成功意味着比其他人更优秀。

就我个人而言,和成为天下无敌者相比,我对成为世界的改变者更感兴趣。我知道不是只有我一个人会这么想。

2016 年,世界经济论坛(World Economic Forum)的"未来职业报告"预测并罗列了 2020 年的十大工作能力,其中包括人事管理、与他人协调及高情商等能力。

在 2018 年的一次节目采访中,伦敦政治经济学院(London School of Economics)院长米努什·沙菲克(Minouche Shafik)表示:"在过去,完成工作靠的是肌肉,而现在靠的是大脑,将来靠的是灵感。"

而正如《福布斯》(Forbes)杂志的一篇关于同情心领导的文章所说的那样:

> 全球性竞争和增长的不确定性,驱使组织实施外包、扁平化和削减开支(二者往往鲁莽而无情且密切

相关)等举措,人们越来越渴望在工作中获得更深刻的意义,渴望让他们所做的事情和为大众服务之间有更紧密的联系。

我们需要同情和协作。

高效不只关乎你如何成功和成功做了什么,还关乎你如何让别人成功,以及别人如何让你成功。现在到了关注我们要如何合作以实现变革的时候,而不是关注谁在成功的顶峰。

现在到了把单枪匹马的成功神话抛在脑后的时候。

我们不仅要对我们赞赏的大人物如此行事,在评价彼此时,也要如此行事。

"她是如何做到这一切的"之类的问题表明,单枪匹马地应对一切是成就的巅峰。有一天,我在脸书(Facebook,现已改名为 Meta)上发现了一句所谓的励志名言,它说的是那些坚强的女性曾经也是心碎的女孩,只是她们学会了永远不依赖任何人。这句话让我伤心。我们知道这样的话影响的不仅仅是女性,因为有四分之三的自杀者是男性。

如果我们不再把力量和成功与单打独斗获得成就的能力联系起来,会发生什么?

保罗·埃尔德什(Paul Erdös)是我心中的英雄之一,他是一位匈牙利数学家,是一个多产的合作者,以至于存在一个以他的名字命名的数值,可以衡量你作为合作者与他的差距。

在他的一生中,他和 500 多名数学家共同撰写过论文,这些人的埃尔德什数为1。如果你与这些人中的某一个一起合著论文，你的埃尔德什数就是2。在这个世界上，埃尔德什数不大于3的人高达4万余人。

请你想象一下，他为多少人作出了贡献啊！这可是笔惊人的遗产。

你对谁的工作有所贡献？谁对你的工作有所贡献？如果我们合作而非竞争，你的工作场景会有什么样的变化？

**乌合之众与社区**

我们要清楚一点：集体生活也同样不甚完美，甚至混乱不堪。集体是一个嘈杂的地方，人们可能会有不可预料的举动。有时，和他人一起工作的痛苦会让人觉得自己独立完成工作是更容易的（也更有效率）。

一位读者这样向我描述道：

> 今天，我觉得我就像站在一辆拥挤的通勤列车上，我没有移动的空间。我试图往前走，但被人推到了后面。唯一让我保持直立的是拥挤的人群，但他们也阻碍着我前行。
>
> 如果火车司机突然刹车，我们都会摔成一团，以我往常的运气来说，我会躺在人堆的最下面！

这是一个描述得多么生动的场景啊！我们很多人都能把自己代入其中。在这个工作无休无止、生活越来越忙、事情越来越大、人生越来越光鲜、环境越来越喧嚣、一切都越来越快的时代，我们很多人都认同这种感受。

与我们一起生活和工作的人，既可能是阻碍我们的人，也可能是支撑我们的人。

我们并不缺人。但我们是一个"人人为我"的乌合之众，还是一个"我为人人"的友好集体？

当我们是乌合之众时，我们最终都会妨碍彼此前行；但当我们是一个友好集体时，我们就可以获得某些成就，到达某些一个人无法抵达的地方。

你会致力于哪一边？是控制乌合之众，还是建设友好集体？

**关于优雅**

"优雅"这个词总会让我大吃一惊。我的名字叫格雷斯（意为优雅），你一定认为我早就对这个词习以为常了。

我曾经开玩笑说，我的名字和我本人很矛盾，我是你能找出来的最不优雅的孩子——我性格耿直、举止笨拙。

我确实想知道，我叫这个名字是不是一个宇宙级的玩笑，因为要举止优雅是我最需要被时常提醒的一点。

优雅的问题在于，这个形容不是靠做什么事就能获得的。不是你做得有多好，或者你付出了多少就能获得这种赞美。

优雅是关于接受的。

我们中的很多人都觉得给予比接受更让人自在。我们更愿意给予帮助而非承认我们需要帮助。

给予让人感觉很好。它是善良的,是慷慨的,是值得庆祝的。它标志着成功和富足。

而接受却让人感觉脆弱。它预示着匮乏和需要。它的意思是,我没有足够的东西,我需要帮助。

难怪路德教会(Lutheran)牧师纳迪亚·博尔兹-韦伯(Nadia Bolz-Weber)在《意外的圣徒》(*Accidental Saints*)中称,接受恩典是"世界上最糟糕的感觉。我不希望自己需要接受恩典。最好我能做到一切,完成一切,而且永远不会把事情搞砸"。

这就是恩典的美好之处。从根本上来说,这是"我们只靠自己是远远不够的"的美好之处。因为如果我们靠自己就够了,我们就不会再需要其他人,我们也就不会拥有彼此。

这提醒了我:关系是双向的。如果我只做给予者,我就无法体验到真正的心与心的贴合。只有我愿意接受也愿意给予时,慷慨而美好之举才能发生。

这就是真正的联系,真正的集体灵魂并不是关乎你或我的,而是关乎我们一起创造的东西。

**慷慨之人的世界**

我们是生活在一个友好的集体里,还是生活在乌合之众中,这取决于我们自己。当一个集体共同成长时，我们都会成长。当乌合之众增长时，我们就会被压倒在地。

当我们彼此相见时，我们会创造一个慷慨的世界。

当我们谈论生命而非死亡时；当我们赞颂而非批判时；当我们共同创造而非攀比时；当我们允许自己被看见时；当我们有足够的勇气，能放下不属于我们或不适合我们的东西时；当我们对彼此有足够的信任，为更真实的东西留出空间时；当我们慷慨地接受和给予时；当我们允许想象力和好奇心来弥补恐惧和不确定性的鸿沟时，我们都会创造一个慷慨的世界。

我们了解到爱的能力不仅仅意味着要滋养彼此，还要视具体情况而定。对我们而言，爱的能力还植根于某种比受人欢迎、化学反应或转瞬即逝的情感更为古老和持久的东西当中。

而这种爱是有感染力的。你给予的越多，它就越会蔓延和繁衍，而你拥有的也就会越多。

## 舒适区之外的新规则

### 舒适区之外的新规则

你在奋力抗争，并不意味着你失败了。

出现弱点预示着它可以成为你力量的源泉。

遭遇阻力的地方就是我们需要舒展的地方。

犯错的地方就是我们有所发现的地方。

自信不是指我们的所知有多广博,而是指面对未知时我们有多么自如。

勇气不是没有恐惧,而是敢于直面恐惧。

快乐、悲伤、平和、痛苦。请感受这一切,因为你在活着。

我们在逆境中挣扎不是绝望的根源,而是希望的源头。

### 希望

希望并不总是快乐轻松的、梦幻般的感觉。恰恰相反,有时它会有点让人心碎……为什么呢?

希望是不满足于现状。

希望看到现状让人崩溃、迷失和受伤的地方。

希望知道还有更多的东西有待发掘……一个更好的世界,一个更公平公正的世界,一个比现在更健康的世界。更健康的人,完整的关系,更好的方式。

因此,是的,希望会令人哭泣和悲伤。

然后,希望会让人开始工作。

——乔·萨克斯顿(Jo Saxton)

"怀抱希望是对抗逆境的一种方式,"布琳·布朗在《成长到死》中写道,"如果我们从小就不被允许跌倒或面对逆境,我们就没有机会发展出韧性和主动性，我们拥有这些品质才会心怀希望。"

希望不是知道你有一张免死金牌，也不是看到隧道尽头的光亮，更不是等待一个终点的到来。

希望是知道隧道并不是你的久留之处；希望是知道你具备实力，你可以起身和前行，你可以卷起袖子开始工作。

当你完成这一切之后，你和这条隧道都会发生改变。

## 该死

> 不是每件事都会有原因，但每件事都可以有原因。
> ——珍妮·安斯沃斯

不，发生霉运是没有原因的。倒霉事确实发生了。和珍妮一样，我不相信有什么上帝的安排或者宇宙的密谋，能把我们当成棋盘上的棋子一样玩弄于股掌之间。

然而，我确实相信希望。那种希望——借用创作歌手布鲁斯·科伯恩（Bruce Cockburn）的一句话来说——踢打黑暗，直到黑暗渗透出日光。那种希望就像用流血的指尖抓住快乐。当我们被教导的一切告诉我们希望不属于这里时，希望说："哦，不，希望属于这里。"

我还相信，作为人类，我们是一个会创造意义的物种。如果说有什么事情是我们本质上就有能力去做的话，那就是我们会化腐朽为神奇，会从破碎中挽救出完好的东西，从原点开始重建，把绊脚石变成垫脚石，把恶臭的腐朽之物变成丰饶的、能创造生命的土壤。

这就是奋力抗争的真相。它并不是那种受人喜爱的消息——如同乌云旁边的一线光亮。它是一份艰苦的工作，而且它如同地狱一样糟糕，臭气熏天。

更多的时候，我们不会选择困境，但我们绝对可以利用困境。

## 三件倒霉事

噢，糟糕……
这是什么样的倒霉事？
老天啊！

第一，我们会识别困境；第二，我们会作出预判；第三，我们会得到启示。

这三件事可能不会同时发生，它们可能间隔几天、几周，甚至几年才会发生。无论我们要花多长时间，我们的等待都是值得的。

在逆境中抗争不是失败的标志，不是一个坏兆头或者错误的转折。它不是一场需要面对的战斗，一个需要避开的陷阱或者一个必须消灭的敌人。

抗争是有待我们发现新事物的旷野。

它是我们舒展、变强和崛起的催化剂。

它是一个诞生地——这里会产生真正出色的成就；它是一处聚合地——那些和我们同属一个集体的人会在这里汇集。

当你发现自己身处糟糕的生活中，身陷一个更糟糕的时刻，不要惊慌，不要绝望。

请深吸一口气，深入其中。

在那里，你有一位良友，叫作抗争。

# 鸣谢

写这本书的过程正是那种最好的抗争之旅,如果没有这么多旅伴的机智、智慧和信念,我不可能完成这段旅途。

在我成功逃出滑铁卢车站的那个晚上,我与卡伦·斯基德摩尔(Karen Skidmore)聊了聊,然后开始了这一切。第二天早上,在参加艾莉森·琼斯(Alison Jones)的写作日活动的路上,我们喝着咖啡,这场聊天仍然在继续,最后在吃午餐时达到了高潮。当时我们说了 4 个决定性的词:"是的,它有腿……"(yes, it's got legs...)

我要向艾莉森·琼斯致以特别的谢意——为她坚定不移的支持和热忱,以及她没有让我脱身于本书的写作。我和她在出版公司的团队合作很愉快——而且,我必须说,他们以良好的风度和幽默感忍受了我那一大堆 "但你怎么想"的信息。

感谢每一个在我说出书名时都会大笑的人——你们不知道你们的笑声对我来说是多么大的鼓励。裴德、朱莉(Julie)、克里斯(Chris)、阿尔和阿什利(Ashley),感谢你们在这个项目的初期就对我表达的支持。我知道,在那些日子里,我没有写出什么可以展示的内容,你们的支持给予我莫大的帮助。

还有所有在这一路上和我分享自己故事的那些优秀的人，我很珍视我们的谈话。

非常感谢本书测试版的读者海伦·弗雷温、理查德·塔布（Richard Tubb）、特里西娅·阿姆斯特朗、格雷厄姆·阿尔科特、贝克·埃文斯、安格·迪斯伯里（Ange Disbury）、珍妮·安斯沃斯、乔茜·乔治和肖恩·桑基（Sean Sankey），感谢你们对我的知识盲点和那些只在我脑子里有意义的词句发起挑战。你们的坦率、鼓励和不吝指教是对我最好的磨砺——本书最终留下的那些笨拙的词语，完全是我自己的固执所致。

像往常一样，我还要对我的家人——格郎特（Grante）、奥利弗（Oliver）和凯瑟琳（Catherine）——致以最深切的爱和感谢，你们大度地包容了一个外向的妻子（母亲）为生计而（过度）分享生活。我爱你们，但是，很抱歉，在世界读书日，你们大概是不能把这本书带进学校的。

最后，我要向你们致以谢意——我亲爱的读者们。一位作家朋友曾告诉我，每一次阅读都是一次共同创造的过程。我大概为此提供了文字，但你们的想象力一定会对这些文字有一些独特的创造。我非常愿意和你们继续聊天。来吧，到我的个人网站（http://GraceMarshall.com）跟我打声招呼吧。

# 参考文献

Adam L. Alter, Daniel M. Oppenheimer, Nicholas Epley & Rebecca N. Eyre (2007). "Overcoming intuition: Metacognitive difficulty activates analytic reasoning", *Journal of Experimental Psychology: General*, 136 (4): 569-76.

Adam Satariano. "How my boss monitors me while I work from home", *The New York Times*, 6 May 2020.

Angela Armstrong (2019). *The Resilience Club: Daily Success Habits of Long-term High Performers*. Rethink Press.

Brené Brown (2018). *Dare to Lead: Brave Work. Tough Conversations. Whole Hearts*. Random House, p. 228.

Brené Brown (2015). *Rising Strong: How the Ability to Reset Transforms the Way We Live, Love, Parent, and Lead*. Random House.

Brené Brown (2010). *The Gifts of Imperfection: Let Go of Who You Think You're Supposed to Be and Embrace Who You Are*. Hazelden Publishing.

Brené Brown. "Your weekly dose of daring", *Newsletter*, 4 June 2018.

Chadwick Boseman. Howard University 2018 Commencement Speech, 12 May 2018.

Daniel Kahneman (2011). *Thinking Fast and Slow*. Hazelden.

The Economist. "The pandemic is liberating firms to experiment with radical new ideas", 25 April 2020.

Elizabeth Gilbert (2015). *Big Magic: Creative Living Beyond Fear*. Riverhead Books, p. 149.

Elaine Halligan (2018). *My Child's Different*. Crown House Publishing.

George Orwell (2013). *Down and Out in Paris and London*. Penguin Books.

J.K. Rowling. "Text of J.K. Rowling's speech", *The Harvard Gazette*, 5 June 2008.

John K. Coyle. "How the Greeks hacked time: Kairos versus chromos", 25 November 2018.

Jane McGonigal. "The game that can give you 10 extra years of life", TED talk, June 2012. www.ted.com/talks/jane_mcgonigal_the_game_that_can_give_you_10_extra_years_of_life.

Karen Stobbe and Mondy Carter. "Using improv to improve life with Alzheimer's", TEDMED talk, 2015.www.tedmed.com/talks/ show?id=526821.

Kate Mayberry. "Third Culture Kids: Citizens of everywhere and nowhere", *BBC*, 18 November 2016.

Malcolm Gladwell (2013). *David and Goliath: Underdogs, Misfits and the Art of Battling Giants*. Back Bay Books.

Margie Warrell. "Compassionate leadership: A mindful call to lead from both head and heart", *Forbes*, 20 May 2017.

Marianne Cantwell. "The hidden power of not (always) fitting in", TEDx Norwich education talk, 2017.

Melanie Curtin. "The 10 top skills that will land you high-paying jobs by 2020, according to the World Economic Forum", *Inc.*, 29 December 2017.

Nadia Bolz-Weber (2015). *Accidental Saints: Finding God in All the Wrong People*. Convergent Books, p. 179.

Pat Barker (1993). *Regeneration*. Plume.

Peter Drucker. "Managing for business effectiveness", *Harvard Business Review*, May 1963.

Rachel Held Evans (2018). *Inspired: Slaying Giants, Walking on Water, and Loving the Bible Again*. Thomas Nelson.

Rebecca Solnit (2006). *A Field Guide to Getting Lost*. Penguin Books, p. 135.

Rob Bell. "What Happens Every 6 Months", podcast, Episode 205, 19 August 2018. https://robbell.podbean.com/e/what-happens-every-6-months.

Russell Kane. "Kaneing: The night after the baby is born", 21 January 2018.

Rutger Bregman (2020). *Humankind: A Hopeful History*. Bloomsbury Publishing.

Simon Jenkins. "Stop 'fighting' cancer, and start treating it like any other illness", *The Guardian*, 28 January 2019.

Stacey Colino. "The Let-Down Effect: Why you might feel bad after the pressure is off", *U.S. News*, 6 January 2016.

Tim Harford (2018). *Messy: How to be Creative and Resilient in a Tidy-Minded World*. Abacus.

Wendell Steavenson. "Flour power: Meet the bread heads baking a better loaf", *The Guardian*, 10 October 2019.